吃不够的花样主食

/ 修 订 版 /

美食大V 飞雪无霜 著

U0208633

中国轻工业出版社

图书在版编目（CIP）数据

吃不够的花样主食／飞雪无霜著. —北京：中国轻工业
出版社，2019.1
ISBN 978-7-5184-0718-7

Ⅰ.①吃… Ⅱ.①飞… Ⅲ.①主食－食谱
Ⅳ.① TS972.13

中国版本图书馆CIP数据核字（2015）第276943号

责任编辑：朱启铭 责任终审：孟寿萱 封面设计：奇文云海
版式设计：锋尚设计 责任监印：张京华

出版发行：中国轻工业出版社（北京东长安街6号，邮编：100740）
印　　刷：北京博海升彩色印刷有限公司
经　　销：各地新华书店
版　　次：2019年1月第1版第3次印刷
开　　本：720×1000　1／16　印张：14
字　　数：200千字
书　　号：ISBN 978-7-5184-0718-7　定价：39.80元
邮购电话：010-65241695
发行电话：010-85119835　传真：85113293
网　　址：http://www.chlip.com.cn
Email：club@chlip.com.cn
如发现图书残缺请与我社邮购联系调换
181245S1C103ZBW

面点基础

一、冷水面类

二、烫面类

三、发面饼类

四、油酥类

五、糯米面类

六、汤圆类

七、馄饨类

八、饺子类

九、面条类

十、馒头类

十一、花卷类

十二、包子类

十三、粥类

十四、米饭类

十五、发糕类

十六、粽子类

制作面点的
主要工具

制作面点时需要一些常用工具，有了这些工具可以让制作主食变得更加轻松，让我们一起来认识一下吧。

1. 电饭锅，做主食的必备工具，既可以用来蒸米饭，也可以用来蒸小分量的各类面点。

2. 炒锅，也是必备的，各种馅料、炒饭类主食，都需要炒锅来完成。

3. 蒸锅，用来蒸各种面食，比如这种两层的蒸锅，可以一次蒸十几个包子。

4. 电饼铛，做饼的好帮手，用它来做饼，火力可以控制得刚刚好。

5. 压面机，做面条、饺子的好帮手，最好买个电动的，省力。

6. 面包机，除了用来做面包，还可以用它来和面，非常轻松。

7. 料理机，用来做各种果蔬汁和粉碎各种食材，当然用来做豆浆也不错。

8. 烤箱，用来制作点心，上下火力控制得刚刚好，是其他工具所不能替代的。

9. 案板、刀具，用来切菜，切各种面点等。

10. 擀面杖，做面点的好帮手。

11. 和面盆，用来和面，不锈钢或玻璃材质的都不错，大一点更好用。

12. 刮板，很轻巧，用来刮案板上的面团或是切小份面团，实用轻巧。

13. 电子秤，有了它做点心需要的各种用料配比就有了保证，也不那么容易失手了。

14. 粉筛，有些材料需要过筛，准备细筛子和粗筛子很有必要，细粉类要用细筛子，粗粉类要用粗筛子。

15. 保鲜袋，用来收纳和盛装各种制作成功的面点。

16. 保鲜膜，在饧面的时候，需要用保鲜膜包住面团，避免水分流失。

17. 毛刷，用来刷油或是蛋液等。

18. 量杯，用来装水或蛋液，倒的时候会很容易，而且可以看刻度。

19. 定时器，用它来给你做的面点定时，防止自己因不小心错过了时间而导致面点失败。

制作面点的
主要材料

俗话说：巧妇难为无米之炊。有了得力的工具，还要有原料，这是面点成功的前提。

1. **面粉类：** 高筋面粉、中筋面粉、低筋面粉（顺序从上往下）。
   高筋面粉（蛋白质含量11%～13%），中筋面粉（蛋白质含量9%～11%），低筋面粉（蛋白质含量7%～9%）。
   用高筋面粉做面条筋道，做面包弹性大。
   中筋面粉适合用来做各种饼类。
   用低筋面粉做包子、馒头，比较松软。

2. **油类：** 猪油、植物油、黄油（顺序从上往下）。
   猪油可用来做酥皮类点心，炒馅料时也可以加猪油，味道更香。
   植物油是炒菜或馅料的基本用油。
   黄油，个别点心中会用到，如果没有猪油，也可以用黄油代替。

3. **米类：** 杂交米、糯米、黑米（顺序从上往下）。
   杂交米是一般煮饭的米，也可以用它来磨米粉。
   糯米是包粽子用的米，也可以用它来磨糯米粉做汤圆。
   黑米营养价值高，可以用它来做黑米饭，或是磨成黑米粉添加在点心中。

4. **豆类及杂粮：** 红豆、黄豆、绿豆（顺序从上往下）。
   红豆是做红豆馅的主要原料，也可以用来做红豆饭，但需要提前泡过才可以做。
   黄豆是做豆浆的好原料。
   绿豆可以用来做绿豆汤、绿豆粥、绿豆馅，都很棒。

5. 调味类：白糖、酱油、盐（顺序从上往下）。

白糖可以增加甜味，用在炒菜中还可以增鲜。

酱油分生抽和老抽，可以根据个人喜好添加不同的量，让菜的色泽更好。

盐一般用量不大，只要一点就可以让点心有咸味了。

6. 发酵类：酵母、泡打粉、小苏打（顺序从上往下）。

酵母常用于做馒头、包子，会让面点变得蓬松。

泡打粉用于膨胀，适量加于酵母中，可以节约发酵时间，但一定要用无铝的泡打粉哦。

小苏打也有让面点酥松的作用，但使用量一般很小。

7. 营养类：牛奶、鸡蛋（顺序从上往下）。

牛奶营养丰富，可以替代水来和面。

鸡蛋含有丰富的氨基酸，适量食用营养更容易为人体所吸收。

8. 其他配料类：肉类、蔬菜类、水果类（顺序从上往下）。

肉类可以用来作为面食中的配料添加，比如可以用来做肉包子、肉饺子等。

蔬菜类品种非常丰富，可以根据蔬菜的季节变化做出不同的面点。

水果类可以用来做果酱，或是做主食的配料。

水调面点的
基本操作

水调面点是用水来和面，和好的面团本身不会膨胀，适合做各种饼类。

1. 和面

做一道水调和的面点，首先要和面，先将面粉倒入盆中，然后分次加入适量的水，切记水不要过多。

2. 揉面

揉面是做好面点的第一步，只有面团揉好了，面点才会做得好吃。我们常说的手光、盆光、面光的"三光"原则，就是要把面团揉光滑。

3. 下剂

揉好的面团经过饧面后，就可以根据自己的需要切成大小合适的剂子。

4. 做皮

剂子做好后，我们还要用擀面杖，擀成圆饼形或其他形状。

5. 包馅

接下来的工作就是包馅了，馅料可根据个人口味和喜好变换。

6. 成形

最基本的形状就是圆饼形，也有三角形等。

7. 熟制

做成形的面点最后一道工序就是煎、蒸、烤的工作，比如图片中的饼就是用电饼铛反复翻面烙熟的。

发酵面点的
基本操作

发酵面团，是用水、酵母和面，通过一段时间的发酵，面团膨松，用它制作的面点松软好吃。

1. 和面

在做发酵面点的时候，第一步同样也是和面。和面的时候，先将面粉类倒入容器中，再倒入水和酵母类等其他材料。如果有盐和糖的话，不要和酵母放在一起，要分开放，因为盐和糖容易影响酵母的发酵。和面同样也要做到"三光"，把面团揉滋润了。

2. 饧面

发酵面点饧面和普通水调面点不一样，需要盖盖饧时间长一点，让面团发酵至原体积的2倍大之后，再进行下一步操作。

3. 整形下剂

将饧好的面团重新揉圆后才能下剂。

4. 擀皮

用擀面杖将小剂子擀成圆形，四周比中间略薄一点，这样做的目的是让四周包好后不至于太厚。

5. 包馅

馅料可根据个人口味调制，但是要注意馅料不要太湿，因为发酵类的面点最后要发酵膨胀的，如果馅料太湿，那么会使面点在发酵过程中受潮，从而影响膨胀的效果。

6. 再次饧面

包好后的面点需要再次饧面，目测至原体积的2倍大后再蒸。

（通常我会将面点放在有温水的蒸笼里饧发，这样可以保湿、保温。）

7. 制熟

蒸好的面点体积会再大1倍，蒸的时候注意不要让蒸笼上部的水珠滴到面点上，以免影响面点的美观。（为了避免以上情况发生，可以在蒸笼盖子上包一层纱布，这样水珠就不会滴落下来。）

油酥面点的
基本操作

做好油酥面点比水调面点和发酵面点要难一点，它一般分为大包酥和小包酥，具体操作步骤如下。

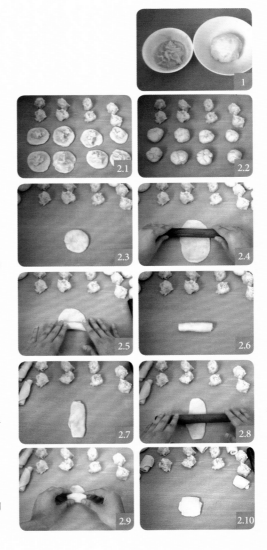

1. 油皮和油酥

不管是大包酥还是小包酥，都要先和好油皮和油酥。

油皮是油加水、面粉，一起和成的面团；油酥是油加面粉和成的面团。在制作点心时，油皮和油酥往往是同时使用的，油皮包住油酥会产生分层的效果，能起酥层。

油皮，需要将面团揉滋润，至能撑开薄膜。

油酥，需要将面团用手掌擦酥、擦透。

和好油皮和油酥后，需要静置30分钟以上。

2. 油皮包油酥（小包酥）

2.1 在做小包酥的时候，需要将油皮和油酥先用秤称好分量，分成小剂子。

2.2 然后用油皮包住油酥。

2.3 包好后的油皮油酥呈圆饼形。

2.4 用擀面杖擀长。

2.5 顺短边将面团卷起。

2.6 卷好后会呈长筒形。

2.7 这时，就要将长筒转90度，收口处朝上并用手掌压扁。

2.8 用擀面杖再次擀长。

2.9 再次顺短边卷起。

2.10 卷好的饼坯，压扁就完成了小包酥的操作。

注意，如果在操作过程中发现面团不太好挤，可盖上保鲜膜，饧10分钟后再擀制。这种方法比较费时，但做出来的点心酥层会比较多。

3. 油皮包油酥（大包酥）

接下来介绍一下大包酥的制作方法。

3.1 同样还是用油皮包住油酥，这次不同的是没有分成小剂子，而是用大片油皮直接包住油酥。

3.2 收口。

3.3 用擀面杖擀成长方形。

3.4 将下面1/3处折上去，再将上面1/3处折下来。

3.5 用擀面杖再次擀成长方形。

3.6 将左边1/3处折起，再将右边1/3处折起，然后盖好保鲜膜饧面。

3.7 饧好的面需要再次擀成长方形。

3.8 然后卷起，擀制工作就结束了。

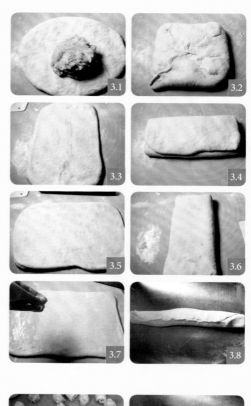

4. 下剂

接下来我们要下剂。

4.1 左边是小包酥的剂子，因为之前已经分好，直接整成圆形就可以了。

4.2 右边是大包酥的剂子，用刮板切小块即可。

5. 擀皮

接下来用擀面杖擀成圆饼形。

6. 包馅

包的馅料可以是肉馅或是菜馅，也可以是包芝麻糖馅，还可以不包馅，根据情况而定。

7. 成形

可以做成圆饼形或是长方形。

8. 熟制

通过炸、烤、蒸等方式完成面点制作。

中式面点的
常用馅料

草莓果酱

果酱有很多种，以最受欢迎的草莓果酱为例，为大家演示做法。

原料

草莓500克，细砂糖200克，柠檬半个。

做法

1. 草莓清洗干净。

2. 去掉草莓蒂。

3. 将草莓对半切开，放入小锅里，并放入细砂糖，加入柠檬汁搅拌均匀。

4. 盖好锅盖放冰箱冷藏室一晚上。

5. 次日，将小锅放电磁炉上，开中火。

6. 煮一会儿，不停地搅拌，如果有浮沫就去掉。

7. 一直煮到103℃左右。（即取1滴酱汁滴在水中，酱汁抱团沉积在水底即成。）

8. 关火，冷却之后装入瓶中即可。

豆沙馅

红豆是个宝，用来做馅料很多人喜欢吃。

原料

生红豆100克，白糖100克，黄油80克。

做法

1. 生红豆约100克，泡水，去掉杂豆。

2. 泡好后，放到高压锅中，压20分钟左右至熟。

3. 将煮熟的红豆中加入适量的水。

4. 放入料理机中。

5. 搅拌至糊状。料理机功率越大，搅拌出来越细腻。

6. 将豆沙糊倒入锅中，加入白糖和黄油。
（黄油、白糖量根据自己的口味适量增减。）

7. 炒至豆沙成团。

8. 放凉即可。做好的豆沙应尽快吃完，如果吃不完最好放在冰箱冷冻。

锅具选择：最好用不粘锅或者不锈钢炒锅。

莲蓉馅

莲蓉馅口感细腻，是一款高档点心原料。

原料

莲子250克，细砂糖100克，黄油80克。

做法

1. 莲子先浸泡1小时。

2. 将泡好的莲子去芯，放入高压锅中，加入适量的水。

3. 高压锅压20分钟左右。

4. 将压好的莲子，加入适量的水，放入料理机中。

5. 将莲子搅拌成糊状。

6. 平底锅中放入黄油和细砂糖。

7. 先炒至黄油溶化。

8. 再放入搅拌好的莲蓉。

9. 继续炒至莲蓉变干为止，即成莲蓉馅。

10. 用来制作莲蓉馅面点即可。

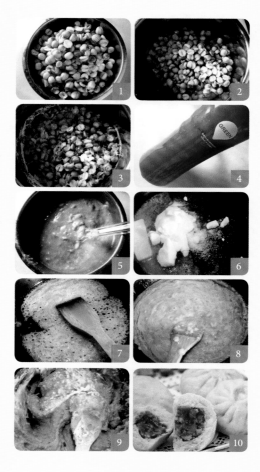

肉松

　　市面上的肉松五花八门，不知道用的什么材料，看着也都是松松散散。我有次看到肉松才20元钱一斤，肉还要十几元一斤呢，所以仔细想想看，这里面能有多少肉啊。

　　自己在家做肉松，真材实料，还可以根据自己的喜好放芝麻、放海苔、放辣椒粉，随心所欲。

　　那怎么吃呢？

　　做肉松面包，肉松就粥，烙肉松饼，做肉松饭团……吃法真是数不胜数啊！

　　想到肉松的美妙滋味，就忍不住咽口水，一起来试试吧。

原料

瘦猪肉700克。

调料

盐4克，白糖15克，蚝油10克，生抽15克，生姜片、葱结各适量。

做法

1. 选择一块瘦肉，里面最好不要有筋膜。

2. 将肉切成块，加入生姜片，放水中煮开。

3. 将煮开的肉取出，去掉浮沫，重新放水。

4. 加入新的生姜片、葱结，煮20分钟。

5. 将肉块取出。

6. 将肉放入保鲜袋中。

7. 用擀面杖压碎或用手撕成小条，个人感觉手撕更方便。

8. 然后倒入面包机中搅打，很快就会被打散。

9. 倒入调料。

10. 按果酱键，1小时5分完成。我是开盖制作的。

11. 做好的肉松蓬松度很高。

12. 成品既可以放粥里，也可以做馅料，都美味可口。

自制猪油

猪油在中式点心中，特别是起酥点心中有着非常重要的作用。但我不提倡一次性做太多，在购买猪板油的时候一定要买那种一片一片的，这种猪板油出油率较高。

原料

猪板油700克，盐5克，葱20克，姜20克。

做法

1. 猪板油切小块放水中泡一天，中间换3次水。

2. 猪板油控干水后放入锅中加葱姜熬。

3. 在葱快要变焦的时候将其取出来。

4. 这是做好的样子。我没有将猪板油渣全部熬干，所以颜色不是很深，可以用来做豆腐、包子或者做饼都很好吃，但不提倡多吃。

5. 瓶子洗净晾干，放少许盐。

6. 将猪油稍晾凉后倒入瓶子中。

中式面点的
技巧

1. 食物的预处理

1.1 如果是南瓜，我们需要先将其去皮，切小块，然后放蒸笼上用中火蒸15分钟左右，至南瓜软烂。可以用于制作南瓜泥、南瓜馒头、南瓜包子等。

1.2 如果是紫薯，我们需要将其去皮后切小块，蒸熟，然后用小勺压成紫薯泥，再根据需要用来做皮或是做馅。

1.3 如果是豆角，需要提前先焯一下水，水里放少许的盐和油，可以让豆角看上去更绿，焯过水的豆角需要在凉水中放凉后再使用。

1.4 需要切碎的菜，可以用切菜器切碎，非常方便轻松。

1.5 如果是面糊，可以搅拌好后，放置10分钟以上再操作，这样让面有一个静置的过程。

2. 各种工具在面点中的妙用

2.1 保鲜膜

一般面点都需要饧面，这时可以盖上保鲜膜，非常方便。

2.2 电饼铛

电饼铛火力均匀，不光可以做饼，还可以用它来炒花生，不容易煳哦。

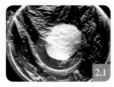

2.3 刮板

刮板可以轻松将面团从案板上刮下来，也可以利用刮板将面团轻松分成几等份，而且刮板还可以用来给面点做造型。

2.4 铲子

铲子是用来摊薄饼的利器，当面糊一倒入锅中后，就开始用铲子将面糊向四周扩散，很快而且摊出的饼会很薄。

2.5 喷水壶

喷水壶不是很大，如果用它来给面点喷水饧发的话，那么蒸好的面点不容易开裂。

2.6 勺子

勺子是家中必备的厨房用品，当你要平均抹馅料的时候，可以借助于家里的小勺，能帮你轻松地抹平、抹均匀。

2.7 牙签

牙签很小，炸汤圆时可以用它给汤圆上扎几个小洞，这样炸的时候就不容易开裂了。

2.8 圆底锅

现在一般的煎制工具都是平底的，如果有一个圆底的锅，那么煎蛋的时候，就可以让蛋煎得很圆，因为蛋会自动跑到圆底处。

2.9 硅胶垫

硅胶垫有不粘的功能，而且价格不贵，一般20元左右1个，用它来做面点就非常实用。

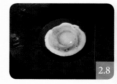

2.10 筷子

筷子虽然非常常见，但在制作面点的时候却有大用处，比如，要做这只蝴蝶造型，没有筷子还真不行。

2.11　剪刀

用剪刀可以轻松地给面点做造型。

2.12　量杯

量杯用来装蛋液，往饼中倒的时候会倒得很
快，还不会洒出来。

2.13　筛子

筛子的作用是让成团的面粉过筛后更细腻。

3．面点的防粘处理

3.1　纱布

可以将纱布放在蒸笼里，再放面点，这样面点
不容易粘锅。

3.2　硅油纸

硅油纸并非普通油纸，它相对普通油纸来说要
厚一点，用它来蒸面点不会粘锅。

3.3　刷子

用刷子给蒸笼里刷油，面点也不容易粘锅。就
是要注意面团不要饧发过度，否则面点会从蒸
笼的小眼中露出来。

4．面条的处理和保存

面条一般需要表面撒上高筋面粉或是玉米粉防粘，做好的面条要放冰箱冷藏室，次日吃没问
题。如果不立即吃，最好的办法就是放冰箱冷冻，随吃随取。

5. 汤圆的操作

如果是夹馅的汤圆，需要用汤圆皮包住汤圆馅，把汤圆皮做成半圆球形来包馅料会好包一点。

6. 烙饼的操作

烙饼最怕的就是长时间在锅里不动，这样易煳还不熟，烙饼需要不停地翻动，让正反面和饼铛接触，这样饼容易熟，不煳，也比较好吃。所说的"三翻九转"，指的就是烙饼时要经常翻动，经常转动。

7. 油温的控制

炸油条、馓子时油温需要高一点，快速地炸好；炸一些酥饼类时，油温需要低一点，以确保成品炸熟。所以关于油温，要不同情况不同对待。

8. 包粽子的技巧

包粽子时选择软一点的粽子叶会比较好折叠。新鲜的粽子叶需要放水中煮一会儿或者放冰箱里冻一晚上，再拿来包，就会服帖许多。包好的粽子最后扎绳一定要扎紧，如果扎不紧，就算前面包得再好，后面煮的时候也容易散，到时候吃的就不是粽子，而是糯米粥了。

9. 煮粥的技巧

煮粥时根据食材的不同，煮的时间长短也不同，难煮的食材，需要提前泡软再煮。大火煮开后，改成小火慢熬，这样煮出来的粥才香浓好吃。

10. 做炒饭的技巧

做炒饭需要选择隔夜的米饭，不但容易炒，且有颗粒分明。炒的时候要注意，食材不易熟的，需要提前炒一下，将其炒熟之后再倒入米饭一起翻炒。

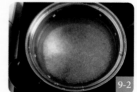

面点制作中的 问题

1. 面团为什么要揉光滑？

　　做面条的面团揉光滑，口感上会更滑溜。做包子的面团揉光滑，蒸出来的包子更有光泽，造型更好。5~10分钟的静置，有助于将面团揉光滑。

2. 面团为什么要静置？

　　刚开始操作的面团，自身很筋道，如果刚揉好就立即擀压，容易收缩，静置一会儿后再操作更容易成型。静置的时候，用保鲜膜盖好，可以防止面团表面风干。

3. 面点制作中，擦、揉、摔分别用于什么面团制作？

　　"擦"一般用于油酥面团。所谓油酥，就是由油和面粉混合而成，混合的时候，必须要用到手掌根部的力量，擦得越透，出来的层次就越分明。

　　"揉"一般是用于包子面团。包子面团揉得越好，蒸出来的包子就越漂亮，表面不会有气泡，更光滑，所以"揉"在包子面团制作中至关重要。

　　"摔"一般是用于面包面团。在中式面点中，"摔"一般是用于春卷面团，面团越摔越筋道，做出的春卷也就越好吃。

4. 大包酥和小包酥有何区别？

　　大包酥就是用整个油皮面团包住整个油酥，然后进行折叠的操作，适用于大批量生产，能节约很多时间。

　　小包酥就是将油皮和油酥分成小分量的面团，一个一个地进行操作，这样做的好处是做出来的酥皮层次更好，但时间上会长，工序上也会更复杂。

5. 烤制面点有什么温度上的要求？

　　烤箱温度不一样，烤出来的面颜色也不一样。

　　100~130℃烤出来的面点颜色发白，适合雪白表皮的面点。

　　140~200℃烤出来的面点颜色金黄，适合大部分烘焙点心。

　　200℃以上，烤出来的颜色呈枣红色，要随时注意观察，防止烤煳。

6. 什么样的油温适合炸制面点？

酥皮类的点心，一般是三四成油温的时候炸制，三四成油温开始下坯，油温升高后，可根据情况再关火；等油温降低了，可以再调高温度进行炸制，以确保点心内部炸熟、炸透。

如果是炸制麻花、馓子，油温需要更高一点，最好是七成油温，这样便于将小麻花、馓子炸脆、炸酥。

7. 影响面团发酵的因素有哪些？

虽然面团中酵母放得多容易发酵，但注意用量也不要过大，因为用量过大会有酵母味道，面团也容易发酸。一般以酵母是面粉量的1%～2%为宜。

如果室温比较高，那么面团也就很容易发酵；如果室温比较低，面团就不容易发酵，适合面团发酵的最佳温度是28～38℃。

8. 面点如何保存？

做好的面点，放凉后用保鲜袋密封保存。如果不及时吃，要放入冰箱冷藏，吃时再复蒸。如果长时间不吃，建议冷冻保存。如果是面条、汤圆等没有熟制的面点，不及时吃的话，直接分成小份冷冻就可以了。

一、冷水

面类

1 葱花摊饼

原料 鸡蛋2个，葱40克，面粉100克，水150克，盐3克，油15克。

不知道大家是不是对鸡蛋灌饼情有独钟呢？
如果到现在你还没有学会做的话，
我这儿有一个更省事的方法，
让你一样可以吃到好吃的鸡蛋饼哦！

做法

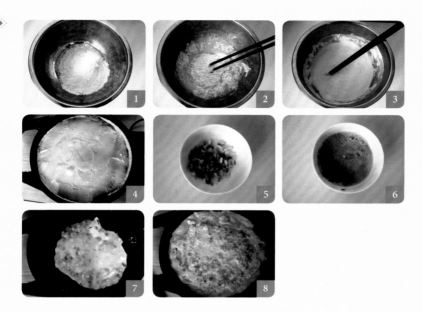

1. 面粉放在容器中。

2. 加入水和10克油、2克盐。

3. 将其搅拌成糊状。

4. 倒入电饼铛中摊平，烙好后取出备用。

5. 葱洗净后切末。

6. 将葱末倒入鸡蛋液中，加入5克油和1克盐。

7. 倒入电饼铛中摊开，蛋液尚未凝固时，将摊好的饼放在上面，用铲子按平。

8. 翻面再烙一会儿即成。（最后可以用刮刀把面糊刮干净，非常方便。）

飞雪支招

1. 面粉和水的比例是1∶1.5，这样比较好摊饼。

2. 有人抱怨说饼摊不薄，这主要是因为没有用铲刀，用铲刀很容易就能将饼摊薄。

3. 饼里稍放些油不容易粘锅，鸡蛋也适用同样的道理。

4. 如果用平底锅，火不能太大。

5. 喜欢胡椒粉的，也可以根据个人喜好适当放些。

6. 在里面夹一根油条，或是一些火腿肠、蔬菜是不是更好吃呢？无限创意，就等你了。

火腿肠是女儿爱吃的食物之一，我一般喜欢用它来炒饭或者下面条。今天我用它来做饼，饼的上面全是火腿肠末，看着就有食欲。

原料

火腿肠1根，鸡蛋2个，香葱5克，盐2克，面粉80克，水50克。

做法

1. 准备材料。

2. 将火腿肠切粒，香葱切末，鸡蛋打散在容器中。（葱应尽量选择小香葱，因为小香葱制作后更香。）

3. 加入面粉、盐以及水调成面糊。（面糊的稀薄程度以面糊从筷子上滴滴答答地滴落为宜。）

4. 放入电饼铛中摊成薄饼即可。（摊的时候用一个铲子，慢慢地将面糊抹平，抹得越薄，饼就越好吃。）

飞雪支招

1. 如果家里没有火腿肠，选择香肠、红肠等代替也可以。

2. 盐的用量可以根据个人口味来定，因为火腿肠中本身已经有盐分了，所以适量放即可。

3 | 萝卜丝饼

用胡萝卜丝来做饼，甜滋滋的，加上葱的香味，一道简单省事的早餐饼就出炉了。

原料 胡萝卜丝50克，鸡蛋1个，面粉100克，牛奶100克，葱花10克，盐1克。

分量 8块。

做法

1. 胡萝卜丝加入鸡蛋。（胡萝卜丝用胡萝卜去皮后切丝即可，切得越细越好，可以借助于工具。）
2. 再加入面粉和牛奶，面粉最好先过筛一下，这样不容易有颗粒。
3. 最后加入盐和葱花。
4. 搅拌均匀后，平底锅烧热，将面糊分次放进锅内，摊成圆饼形，正反面烙熟即可。（要用小火，不然容易煳。）

飞雪支招
1. 饼烙好后可以用模具压出各种形状。
2. 烙好后的饼颜色有红有绿，特别漂亮。
3. 锅具最好用不粘锅。

今天的这款家常手抓饼外层金黄酥脆，内层柔软白嫩。一出锅，一股黄油与面筋的香味扑鼻而来，保准让你胃口大开。

原料 ▶ 中筋面粉125克，水75克（最好为30℃温水），盐1克，黄油20克。

分量 ▶ 2个。

做法 ▶

1. 将中筋面粉倒入容器中，加温水和成面团。
2. 面团饧发10分钟后，擀成长方形面片。
3. 黄油隔水融化，用刷子刷在面片上，并撒上少许盐。
4. 将面片用刮板切成长条，但顶部不要切断。
5. 从中间将面片分成两大份。
6. 每份拉长并卷起。
7. 将卷好的面团擀成圆饼形。
8. 电饼铛烧热，放少许油，将饼放入。
9. 烙至正反面金即可。

飞雪支招 ▶

1. 烙饼的火力不能大，大了会不起层。
2. 刷的油用黄油较香，也可用猪油，起酥效果较好。

5

韭菜烙饼

外面摊点上卖的韭菜鸡蛋饼往往非常受欢迎，为什么呢？因为既有韭菜的清香，又有鸡蛋的营养。咱们自己在家里做，就来个更有营养的——用牛奶代替水，这样做出来的韭菜烙饼会更好吃。而且我还用了更省事的方法——将韭菜直接放入面糊中，是不是更简单呢？

原料

面粉200克，鸡蛋100克，牛奶400克，盐3克，韭菜30克。

做法

1. 面粉过筛后打入鸡蛋，放入牛奶和盐混合均匀。有时间就饧一会儿，如果没有时间，可以继续下面的操作。
2. 韭菜清洗干净后切成末。
3. 将韭菜倒入面糊中。
4. 混合均匀。（混合好的面糊会非常稀，这样倒入锅底才容易成型，摊出的饼也比较薄。）
5. 平底锅用刷子刷一点油，如果是不粘锅，那这步可以省去。
6. 倒入面糊，然后转动锅，让面糊均匀摊开。
7. 大约两三分钟，底部就烙熟了，边上会有微微翘起，这时就可以翻面再烙了。
8. 反面烙至有金黄色斑点就好了。

飞雪支招
1. 韭菜切得越细，饼烙出来的效果就越好。
2. 烙的时候火一定不要太大哦。

这款千层肉饼外层焦香，肉质鲜嫩，层次鲜明。一口咬下，唇齿溢香，美哉，美哉！

原料 中筋面粉135克，水78克（最好为30℃温水），猪肉馅120克，葱5克，生抽5克，老抽5克，盐1克。

分量 4~5段。

做法

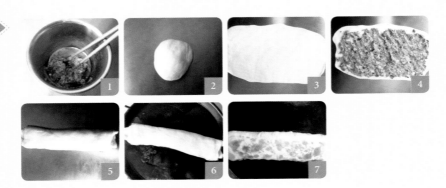

1. 将猪肉馅中加入切碎的葱末，再加入生抽、老抽和盐搅拌均匀备用。
2. 将中筋面粉中加入温水，和成面团饧半个小时，将饧好的面团取出。
3. 将面团擀成长方形面片。
4. 在上面均匀抹上肉馅。
5. 将面片顺着短边慢慢卷起，收口捏紧成肉卷。
6. 将肉卷放入电饼铛中烙至正反面变色。
7. 加入适量水至焖熟即可。

 飞雪支招 因为肉卷中的肉多，不容易熟，所以最后要放少许的水焖熟、焖透。

二、烫面类

1 | 荷叶饼

提起卷饼，我想大家可能都做过。

但是往往有人会说，为什么我做的卷饼那么硬呢？

其实，做卷饼的原理很简单，就是用中小火慢慢将饼烙熟。

如果你做的卷饼里水放得少，那么烙同样的时间，卷饼里的水分流失过多，这个卷饼就会硬。

所以，卷饼里水分含量是保证其松软好吃的关键。即卷饼里的水分保持得越多，卷饼就越松软。

今天的这个卷饼，你可以试试。

举一反三，百种卷饼，任你自由组合。

原料　面粉200克，开水120克，冷水50克，盐2克。

 做法

1. 将面粉倒入容器中。

2. 在面粉上均匀倒入120克开水，用筷子搅拌好。

3. 再慢慢倒入50克冷水。

4. 搅拌成面团，静置30分钟。静置后的面团会相对比较光滑，也好操作多了。

5. 手上沾面粉，将其和成不粘手的面团。

6. 将面团分成8个相同大小的剂子。

7. 将剂子用擀面杖逐一擀成圆形，用刷子蘸油刷在面饼表面。

8. 再在面饼上放同样大小的面饼。

9. 电饼铛烧热，将荷叶饼放入烙至金黄色，再翻面烙成相同的颜色即可。

10. 用手轻轻撕开，就有了两张同样大小的荷叶饼了。（因为之前抹过油，所以比较好撕。）

飞雪支招

1. 要想烫面面饼松软好吃又筋道，水的比例一定要多。这样，烙出来的饼，在水分蒸发掉一部分之后，还有一定量的水分，面饼也才会松软好吃。

2. 做好的荷叶饼可以用来做各种卷饼。放上不同的馅料，非常好吃。

3. 如果没有电饼铛，用平底锅也可以，但火力不能太大。

4. 有人反映面团过湿不好操作，可以将面团放入冰箱冷藏一下，冷藏过后的面团就会好操作多了。同时注意，可在案板上撒面粉防粘。

2 | 椒盐
手抓饼

提起手抓饼，它受喜爱的程度和葱油饼有得一拼。而来自于台湾的葱抓饼，更是深得人心。今天做的这款是椒盐手抓饼。在手抓饼中加入葱和盐，味道会更好吃，也更香。

原料 中筋面粉200克，开水100克，冷水30克，猪油20克，油45克，椒盐少许。

分量　3张直径18厘米的饼。

做法

1. 面粉中先加入开水搅拌成雪花状。
2. 再倒入冷水。
3. 搅拌均匀后，加入猪油。
4. 揉成面团，盖上保鲜膜饧30分钟。
5. 然后将面团分成3份。
6. 取其中1份擀成长方形。
7. 面片上面先抹油再撒上椒盐，椒盐的量可稍多些。
8. 像折扇子一样把面片折好。
9. 将折好的面片卷起，按成圆饼形。
10. 然后将圆饼擀薄擀大，以直径大约是18厘米比较合适。
11. 擀好的圆饼放入涂过油的平底锅中，正反面烙至金黄色，取出拍松即可。

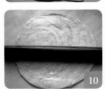
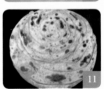

飞雪支招

1. 当椒盐撒入，卷成卷后，如果无法擀薄擀圆，可以再饧一会儿。
2. 晚上做好的手抓饼坯，卷成卷后，每份用保鲜膜包好，放入冰箱冷藏室。次日用平底锅将其烙熟，一份省时省力的早点就轻松做好了。葱抓饼也可以同样操作，上面撒盐和葱花就可以了。味道会更香哦。

3 | 肉末白菜
馅饼

说起馅料，咸馅的要数猪肉白菜馅最为大众化，
而甜馅要数黑芝麻、红豆、红糖馅最为普遍。
我这道猪肉白菜馅饼力求做到皮薄馅多，吃起来那才叫过瘾。

＊ 在猪肉的选择上

1. 如有黑猪肉，就尽量不买白猪肉，因为黑猪肉吃起来要比白猪肉香。
2. 猪肉尽可能选择三分肥七分瘦的，这样口感不油腻，也不柴。如果不喜欢放肥肉，可以最后加少许植物油搅拌均匀，但口感会稍差些。
3. 用水打馅。因为猪肉本身比较柴，加了25%的水后，馅料口感会滋润很多。

＊ 在白菜的选择上

1. 有大棵的白菜，就尽量不选择小棵的。棵越大，长得就越好，水分也就越多。
2. 同样体积的白菜有重的就不选择轻的，重的一般包得结实。
3. 做馅料最好选择里面的菜心，菜心嫩，口感好。
4. 现在有种娃娃菜，类似大白菜，但比大白菜口感好，也可以选用。

面饼原料 中筋面粉200克，温水130克。

馅料原料 猪肉末150克，葱末2克，姜末2克，白菜150克，胡萝卜30克，盐2克，生抽8克，油25克。

分量 10个。

做法
1. 面团倒入容器中，加入适量的温水（以60～70℃为宜）。
2. 揉成面团盖上盖饧30分钟。
3. 饧好之后再重新揉好。
4. 分成10份剂子（每份大约30克），然后盖上保鲜膜备用。

5. 白菜切成末，加约4克盐（分量外）搅拌均匀。

6. 肉末加葱末、姜末，并分次加适量的水（分量外）搅拌成糊状。

7. 然后在肉末中加入沥干水分的白菜末、切好的胡萝卜末以及油。

8. 加上调料，搅拌均匀即可。

9. 将小剂子擀成圆形。

10. 包入馅料。

11. 包好后收口。

12. 按扁成圆形。其余依此制作完成。

13. 放入平底锅中用中小火慢烙。

14. 烙至两面呈金黄色即可。如果饼做得较大较厚，也可以加一点水盖盖焖一会儿，这样更容易熟。

飞雪支招

1. 包馅料的面团，要和得稍软一点。面团饧的时间要充足，包的时候才容易包。

2. 包前将面团擀薄一点，这样皮薄馅多才好吃。

3. 如果分量把握不准，可以用秤来称量。

4. 烙好的饼要趁热吃，色香味才最佳。

5. 在搅拌猪肉馅料的时候，可以用白菜加盐多出来的汁搅拌，但后面的用盐量就要稍减。

三、发面饼类

1 | 葱饼

发面葱饼比馒头多了一层外面的焦香，又比单饼多了一层里面的葱香。早晨的时候，最爱给家人端上一碗粥，再加上一块发面饼，全身心地投入为家人做一顿美味早餐，我觉得这就是家的感觉。一碗粥，一块饼，这就是家的味道。

 原料 中筋面粉250克，水130克，酵母2.5克，葱30克，盐少许。

 分量 4张。

做法

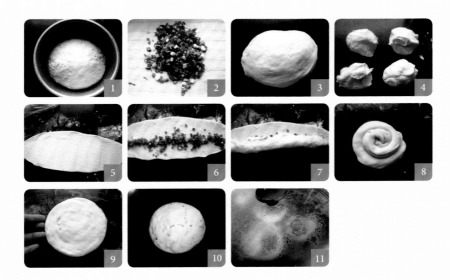

1. 中筋面粉加入水和酵母混合成团（我用的酵母非常新鲜，都是直接混合。如果担心酵母不新鲜，或是想发酵得更快，可以将酵母融于温水中，变成酵母水，再加入面粉中揉成面团），发酵至原体积的2倍大（发酵最好选择一个温暖的环境，如果室温太低，发酵的时间就会更长）。这里面团中没有加任何调味品，也可以加少许的盐和白糖，让面团更有滋味。

2. 葱清洗干净后切成葱花。（建议选择小香葱，既香又容易包入。）

3. 发酵好的面团再重新揉光滑。

4. 揉好的面团分成小团，共4份。

5. 将小面团按成长条形，像牛舌饼形状。（如果害怕粘手或案板，可以在案板上撒一层薄薄的面粉。）

6. 撒入葱花和少许盐。

7. 再顺最宽边卷起。

8. 卷好后收口。（静置5~10分钟，饧过的面团比较易擀，其他的面团这时可以依此操作。）

9. 再擀成圆饼形。

10. 发酵10~20分钟后，放入抹上油的平底锅中。

11. 盖上盖，小火将正反面烙熟。（烙的时候，加一点水表皮不易煳，一定要确保葱饼烙熟。将手放在饼边轻轻一按，如果能轻松反弹，那就是熟了；如果不能反弹，还得再继续烙。烙饼和蒸包子不一样，中途可以随时打开锅盖看看烙的情况。）

飞雪支招

1. 加了葱的饼在烙的时候会非常香。

2. 发酵的时候注意面不要发过头了，否则会容易发酸。

2 葱香烧饼

饼皮原料 中筋面粉200克，水105克，酵母2克。

油酥原料 中筋面粉100克，油50克。

配料 盐3克，油10克，葱30克，芝麻20克，糖水30克。

分量 8个。

烧饼有多种做法，有的烧饼是层层包酥，所以折叠起来就是层层起酥；有的烧饼是不包酥，吃的是面团香。今天给大家展示的是一款层层起酥的烧饼。

烧饼要想芝麻不掉，刷些糖水就可以解决；烧饼要想葱香味浓，可以多放些葱花。

用同样的方法，也可以做甜味的烧饼。

做法

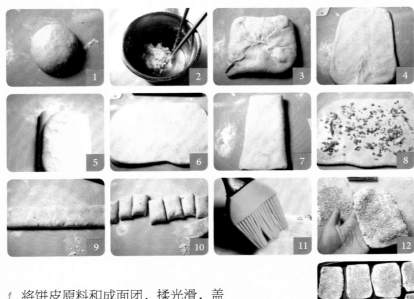

1. 将饼皮原料和成面团，揉光滑，盖保鲜膜静置5分钟。

2. 然后将中筋面粉和油混合均匀，制成油酥。

3. 将油酥包入饼皮，包好，别让油酥漏出来。

4. 接着转90度将面饼擀长。

5. 从左面往中间折起，右面也往中间折起，称之为"三折"。

6. 再转90度擀长。

7. 如图所示，再三折。

8. 然后将面饼擀成正方形，上面抹油，撒盐和葱花。

9. 再次三折。

10. 然后将面片切成小块。

11. 取其中1份擀长，上面抹糖水（糖水用麦芽糖和水按1：10制作而成）。

12. 沾上芝麻，其他依此操作。

13. 烤箱预热，190℃烤20分钟左右。

飞雪支招

1. 面团不用饧发，直接操作，可以在撒好芝麻后稍稍饧一下，让面团膨胀一点，这样烤出来的烧饼口感好。

2. 操作过程中，面团会有些饧发，因此要擀得薄一些。

3. 在步骤6中，如果不太好擀，可以饧10分钟再擀长。

3 | 肉丝卷饼

当你每天早餐不知道吃什么的时候，可以选择一些家中常备的食材。

比如肉丝就是家中常备的材料，价格不贵，味道也鲜。

如果是前一天晚上的肉，可以留下一点，加上调料搅拌均匀，备用。

如果是冻在冰箱里的肉，可以提前一天解冻，加上调料搅拌均匀，次日早上可用。

青蒜同样是家中常备的材料。

炒饭的时候加一点，味道会更香。

煮豆腐的时候放一点青蒜末，也能增味。

胡萝卜也是家中常备食材。

胡萝卜生长在地上，基本上没什么污染。

如果你用农家的胡萝卜会吃得更放心，也更甜些。

如果家中有小朋友，不管炒什么菜，加些胡萝卜也能增色。

而且胡萝卜富含维生素，常食对身体有益。

 卷饼原料 面粉80克，水45克，酵母1克。

 分量 3个。

 馅料原料 肉丝150克，青蒜2棵，胡萝卜1根。
生抽5克，盐、油各适量。
肉丝中调料：生抽5克，料酒5克，
淀粉2克，油少许。

 卷饼做法

1. 面粉加温水、酵母、盐混合成团。

2. 混合好的面团，发酵至原体积的2倍大，分成3份。然后将每份如图擀成圆饼形，越薄越好。

3. 平底锅加热，用小火烙至底面有些焦点即可取出。（如果有气泡，可以用牙签扎破。只烙一面，这样比较好卷。）

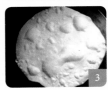

1. 瘦肉洗净备用。

2. 切成肉丝。

3. 加入生抽、料酒和淀粉，还可以再加少许油。

4. 一起混合均匀，放30分钟以上，时间越长越入味。

5. 锅中油热后，倒入肉丝翻炒。

6. 将肉丝炒至变色。

7. 倒入切成条的胡萝卜和切成段的青蒜，加上调料翻炒均匀。

8. 将卷饼摊平，里面放上馅料，卷好即可食用。

飞雪
支招

1. 肉丝腌的时间越长越入味，但最好不要超过8小时。

2. 青蒜炒至断生即可。

3. 烙饼的时候，别烙得颜色太深，会不好卷。

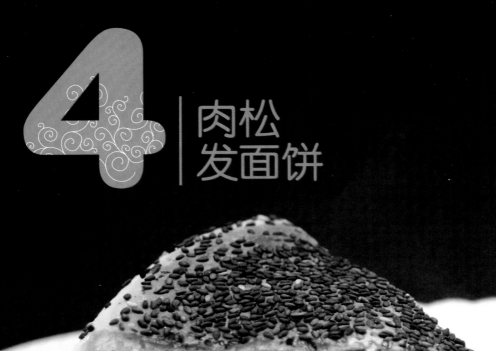

4 | 肉松 发面饼

肉松是我女儿最爱的美食之一，发面饼是最普通不过的面食。今天将肉松放入发面饼中，一层一层的，吃起来口感极佳。

面饼原料 　中筋面粉250克，酵母2.5克，白糖20克，盐2.5克，牛奶180克。

馅料原料 　肉松30克。

表面装饰 　黑芝麻5克。

做法

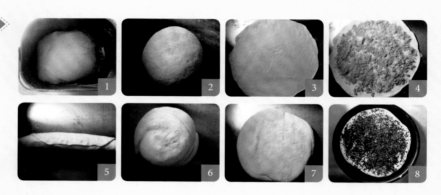

1. 原料中所有材料混合成团，牛奶请适量添加，能和成团即可。盖上湿布，发酵至原体积的2倍大。

2. 取出重新揉圆。

3. 然后擀成圆形片。

4. 上面均匀抹上肉松。

5. 顺短边卷起。

6. 卷起后，两头收口，挤压成圆饼形。

7. 然后再擀薄。

8. 表面刷水，沾上黑芝麻，再次饧发后上锅烙，正反面烙熟即可。

飞雪支招

1. 面团要经过二次发酵。最后一次发酵也很重要，可以让面变得更松软。

2. 烙的时候火力一定要小，可以用电饼铛，也可以用平底锅。

3. 正反面都要烙熟。用手轻轻按压发面饼，会反弹就是熟了。

5 | 笋干 鸡蛋馅饼

馅饼吃了很多了，你吃过这种馅饼吗？笋干鸡蛋馅的。
用笋干做出来的馅饼既新鲜、又独特，口感还非常棒。
当然，多出来的馅料也可以就粥，味道相当赞。

面饼原料 ▶ 中筋面粉300克，酵母5克，盐3克，油10克，水150克。

分量 ▶ 8个。

馅料原料 ▶ 笋干50克，鸡蛋2个，木耳5克，葱、姜末10克，油适量，盐少许。

做法 ▶

1. 面粉中加入盐、水、酵母、油揉成面团，盖好盖发酵至原体积的2倍大。

2. 分成8个小剂子。

3. 取其中1个按平。

4. 包入笋干鸡蛋馅。（做法是：笋干先提前一天泡好，然后切成小丁；木耳提前30分钟泡软、泡大，切成小丁。锅中放油，油热后，倒入鸡蛋液炒散，取出。另起锅，倒入油和葱姜末。爆香后，倒入笋丁、鸡蛋丁、木耳丁，翻炒均匀后倒入适量的盐即可。）

5. 包成1个圆饼，压平。

6. 放入电饼铛中先不插电，盖盖，饧30分钟左右。

7. 将正反面全烙成金黄色即可。

飞雪支招

1. 笋干本身就有盐分，所以盐少放。

2. 笋干本身比较干，所以需要提前一天泡发。

3. 加入木耳和鸡蛋营养更丰富。

4. 面团的发酵要适度，发过了会酸，发的时间不够，面团就不够松软，应根据室温决定发酵的时间。

四、油酥类

1 | 白糖芝麻饼

油酥类的点心，层层起酥的美味让人难以抗拒，再加入白糖，滋味香甜，面饼也会特别松软，味道更胜一筹。

| 油皮原料 | 面粉150克，水80克，酵母1.5克。 | 油酥原料 | 面粉75克，猪油38克。 |

| 内馅原料 | 白糖20克。 | 表面装饰 | 芝麻适量。 | 分量 | 3个。 |

做法

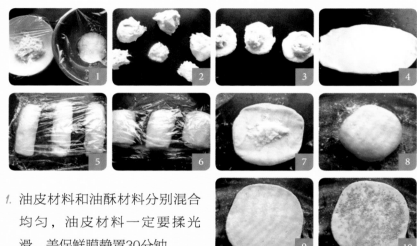

1. 油皮材料和油酥材料分别混合均匀，油皮材料一定要揉光滑，盖保鲜膜静置30分钟。

2. 油皮和油酥各分成3份。

3. 用油皮包住油酥，包好。

4. 取其中1份擀长。

5. 再顺短边卷起，盖上保鲜膜静置10分钟。

6. 再擀长，卷起静置10分钟，其他依此操作（重复4～5步）。

7. 然后将剂子擀成圆饼形，包入白糖馅。

8. 包成圆饼形。

9. 再擀薄。

10. 上面撒上芝麻，饧发至目测比原来大1圈就可以，放平底锅中烙熟即可。

飞雪支招

1. 这是半发面的，发酵时间根据室温来定，冬天时间长一点，夏天时间短一点。

2. 擀得稍薄一点，因为烙的时候还会再涨高。

2 鸡蛋灌饼

面饼原料 高筋面粉（也可以用普通面粉）100克，黄油10克（也可以用普通油），水50克，抹料黄油20克（也可以用油酥，即20克油加2克中筋面粉做成）。

馅料原料 鸡蛋1个，葱花5克，盐2克。

分量 4个。

薄薄的饼皮，加上葱香四溢的鸡蛋，相信很多人会喜欢。那么，怎样才能做出薄薄的饼皮，怎样才能将鸡蛋灌入饼里呢，其实有以下几点注意事项：

1. 做饼的面团一定要揉光滑，而且要抹上油，再饧一会儿。

2. 鸡蛋要搅拌均匀了，然后装入量杯中，就比较好灌了。

做法

1. 面粉倒入容器中，加入水和软化好的黄油。

2. 混合成团，揉至表面光滑。

3. 将揉好的面团分成4份。

4. 每份抹上油，盖盖饧10分钟。

5. 将鸡蛋倒入小碗中，加入切好的葱花和盐。

6. 将材料混合均匀，然后倒入量杯中，这样方便灌入饼里。

7. 黄油放入碗中，融化成液体。

8. 将小面剂子擀长擀薄。

9. 四边涂1厘米厚的蛋液（用6步的方法即可），中间涂黄油，然后拉起。

10. 将一边和另一边按好，呈一个长方形。（因为边缘有蛋液，所以像一个口袋状。因为中间有黄油，所以遇热后，中间会膨胀。）其他依此做好。

11. 平底锅加热，放油，有热气后，将饼放入，过一会饼会膨胀。

12. 用筷子扎个小洞，就不会膨胀了。

13. 将适量量杯中的蛋液倒入扎开的小洞中。

14. 然后再烙至两面呈金黄色，蛋遇热后会膨胀，说明蛋熟了。

15. 切块食用即可。

飞雪支招

1. 皮擀得越薄，饼做出来就越好吃。

2. 如果担心饼在擀时会收缩，可以饧一会儿再擀，这样就不容易收缩了。

3 | 萝卜丝酥饼

萝卜丝酥饼是我一直想做的中式面点，这次我用的是色拉油，想减肥的妹妹可以试试。

油皮原料 低筋面粉100克，色拉油20克，白糖20克，水45克。

 油酥原料 低筋面粉50克，色拉油20克。

 内馅原料 萝卜300克，葱10克，虾米5克，芝麻油10克，盐5克。

 分量 10个。

做法

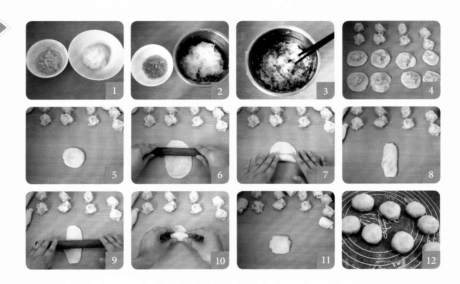

1. 将油皮里的材料混合成团，揉光滑（盖上保鲜膜静置20分钟），油酥里的材料搅拌均匀（盖上保鲜膜静置20分钟）。

2. 内馅的做法：用温水将虾米浸泡15分钟；萝卜去皮切成丝，放入盐备用。

3. 挤干水分的萝卜丝连同虾米切成碎末，葱切成碎末，将所有材料和芝麻油一起搅拌好即可。

4. 将油皮和油酥分别分成10个小剂子。

5. 用油皮包住油酥。包好后，收口，同时压平。

6. 然后将小剂子擀长。

7. 顺短边卷起。

8. 卷好后转90度。

9. 将小剂子再次擀长。

10. 接着再顺短边卷起。

11. 接着将小剂子压平，包好馅料，收口向下。其余依此完成。

12. 烤箱175℃预热，上下火，中层烤20分钟左右即可。

飞雪支招

1. 馅料也可以随个人口味放上鲜肉、香菇等。

2. 用圆模固定形状，可以让酥饼更可爱。

4 | 肉酥火烧

肉酥火烧用来配粥吃，非常香，特别是火烧上面满满的芝麻，咬一口唇齿留香。

面饼
原料 > 中筋面粉170克，白糖15克，盐1.5克，油15克，水105克。

馅料
原料 > 猪肉200克，盐1.2克，黄豆酱20克，葱、姜末少许。

油酥
原料 > 中筋面粉15克，油10克。

表面
装饰 > 芝麻适量。

分量 > 9个。

做法 >

1. 猪肉剁成肉泥，加入其他调料。
2. 搅拌均匀备用。
3. 中筋面粉加入白糖、盐、油和水，混合成面团，揉光滑。
4. 将面粉和油混合好，制成油酥。
5. 面团擀成长方形片，上面抹上油酥。
6. 然后顺短边卷起。
7. 切成9份。
8. 取其中1份擀成圆饼形。
9. 包入肉馅，收口。
10. 上面刷水。
11. 沾上芝麻。其他依此操作。
12. 平底锅里放油，正反面烙熟。（或者用烤箱烤熟也行。）

飞雪
支招

1. 因为饼里有肉，所以最好多烙一会儿，以确保把肉烙熟。
2. 选择黑芝麻、白芝麻都可以，白色更好看一点，黑色营养更丰富。
3. 用烤箱烤的话火力容易掌握，如果是用平底锅烙，要注意不时翻动，防止烙煳了。

五、糯米面类

1 | 莲蓉
南瓜饼

秋天来的时候，南瓜会大量上市，这时用南瓜做点心是非常好吃的。这款南瓜饼，里面加上香甜的莲蓉馅，香糯无比。

面饼原料 南瓜300克，糯米面300克，白糖30克。

馅料原料 莲蓉馅300克。　　**表面装饰** 黑、白芝麻适量。　　**分量** 30个。

做法

1. 南瓜去皮，切成小块，放入蒸笼中，蒸20分钟左右。（蒸好后，可以趁热按压成泥状更容易和糯米粉结合。）

2. 将糯米面倒入面包机中，再将蒸熟的南瓜块倒入，并加入白糖。（如果不放白糖也行，就是不会太甜。）

3. 用面包机搅拌成面团。莲蓉馅放一旁备用。

4. 将南瓜面团分成20克1个的小剂子，莲蓉馅料分成10克1个的小剂子。将剂子用手按成圆饼形，包入莲蓉馅。

5. 包好后收口，并按扁。

6. 表面沾上芝麻。用手再按一下，这样会压得比较实。

7. 放入油锅中，用小火煎至两面金黄色即可。

飞雪支招

1. 不同南瓜的含水量不一样，可根据情况，决定用不用加水。

2. 蒸熟的南瓜趁热搅拌面团，会使面团较黏，更容易包住馅料。如果放凉了效果就差了。

3. 沾的芝麻可直接用生芝麻，不用提前烤熟。

4. 如果害怕芝麻沾得不牢，可以在表面用手轻轻按压。

5. 小火煎的时候，注意及时翻面，火力一定不能大，大了容易糊。

6. 如何知道是不是煎好了呢？一看表面呈金黄色即可。二看饼相对饼坯膨胀稍鼓起即可。

2 | 葡萄干
糯米饼

葡萄干糯米饼，这是过年的味道。

童年印象中，只有快过年的时候才会有糯米饼吃。那个时候，各家都是自己买糯米回家磨成糯米粉，不但新鲜，而且吃得也放心。磨过的糯米粉本身是湿的，所以回来后，还要放在太阳下晒一晒，吃的时候会有股太阳的味道。

每年腊月，妈妈做的自磨糯米饼是我的最大期盼。也算是一种童年的回忆。

今天的这款糯米饼加入了葡萄干，所以味道更香甜。

原料　糯米粉200克，葡萄干50克，面粉25克，开水160克。

分量　8个。

做法

1. 准备糯米粉200克。
2. 倒入洗干净的葡萄干。
3. 再慢慢倒入开水搅拌。
4. 加入适量普通面粉，一起揉成面团。
5. 分成8个小剂子。
6. 每个都擀成圆形。
7. 放入电饼铛中，正反面全烙熟即可。

飞雪支招

1. 因为糯米比较黏，所以放些普通面粉会更好操作。
2. 葡萄干可以用一些干果代替，如蔓越莓干等，也相当好吃。
3. 如果用平底锅烙，中小火即可。
4. 在烙的时候，一定要盖盖，不然中间不容易熟。

3 | 玉米粒
早餐饼

糯米饼里加了玉米粒和黑芝麻，吃起来香甜可口。

原料 玉米粒50克，糯米粉50克，鸡蛋1个，水30克，盐0.5克，熟黑芝麻3克，油适量。

分量 8个。

做法

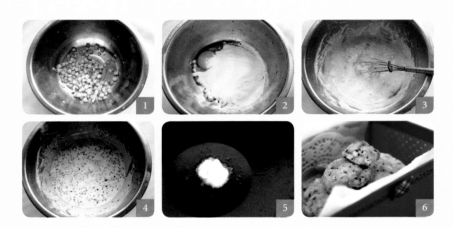

1. 煮熟的玉米剥成粒放入容器中。
2. 加入糯米粉和鸡蛋。
3. 再加入盐和适量的水搅拌均匀。
4. 加上熟黑芝麻搅拌均匀。
5. 锅中放油，油热后，取1小勺面糊倒入油锅中，煎至两面金黄色即可。
6. 每个小饼中都会有熟玉米粒和黑芝麻哦。

飞雪支招
1. 玉米粒要选择熟玉米，这样烙的时候会更方便。
2. 烙好的饼配上小米粥吃，就是营养美味的一餐。

4 | 南瓜麻团

糯米类的点心是我的最爱，吃起来软软糯糯的，口感超级好！

原料 > 糯米面125克，南瓜100克，泡打粉1克，芝麻适量。

 分量 > 10个。

做法 >

1. 将南瓜去皮后切小块，放蒸笼上蒸20分钟至熟。

2. 糯米粉倒入打蛋盆中，加入适量泡打粉。

3. 趁热加入蒸熟的南瓜。（温度比较高，注意别烫到手哦。）

4. 然后揉成团。

5. 将揉好的面团分成10份。

6. 每份都滚圆。

7. 表面沾水，并蘸上芝麻。

8. 放入约140℃的油锅里炸熟即可。（炸的时候火力一定不要太大，否则里面会不熟，如果做成包馅的麻团会比较容易熟。）

飞雪支招

1. 麻团一开始如果搓不圆没关系，蘸芝麻的时候可以再次搓圆。

2. 一般包馅可以选择糖馅、芝麻馅、豆沙馅等。

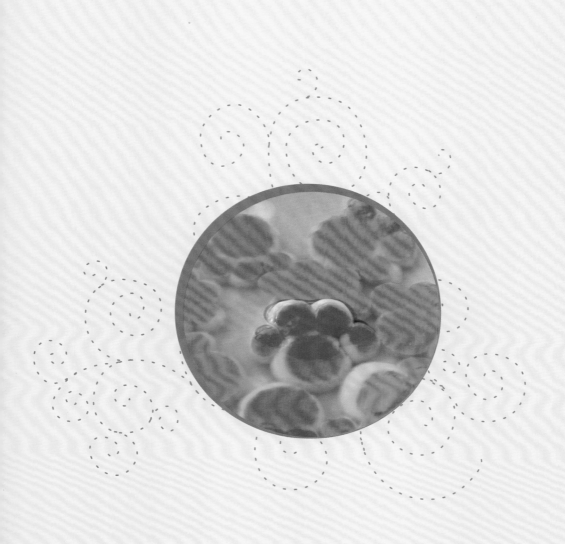

六、汤圆类

1 黑芝麻宁波汤圆

春节过了是元宵节，春节吃的是饺子，元宵节吃的是汤圆（元宵）。

随着时代的发展，汤圆已经不再只有黑芝麻、花生馅汤圆了，越来越多的水果馅汤圆也进入到老百姓的家中。

但是，最经典的黑芝麻汤圆还是最受欢迎。咬上一口，浓浓的黑芝麻香味，让人无法忘怀。

面团原料　糯米面70克，开水40克。

 分量　10个。

 馅料原料　黑芝麻20克，猪板油15克，白糖20克。

 做法

1. 黑芝麻清洗干净放入锅中，用小火炒出香味，冷却后压成粉末。

2. 猪板油清洗干净，取下猪油，撕成小粒，放入容器中。

3. 倒入黑芝麻粉，再倒入白糖，然后混合成黑芝麻馅料备用。

4. 糯米粉倒入另一个容器中，加开水和成糯米面团。

5. 盖上保鲜膜饧一会儿。

6. 将黑芝麻馅料搓成5克1个的圆形。

7. 糯米面团按10克1份分成几份。

8. 然后将糯米面团搓出一个圆洞，将馅料放入。

9. 再包好，依此将其他汤圆包好。

10. 锅中放水，水开后，倒入汤圆，汤圆浮起后即可食用。

飞雪支招

1. 白糖的用量可根据个人喜好来放。

2. 汤圆没熟的时候是沉在锅底的，熟了之后会浮在水面上。

3. 包汤圆的时候，为了防干，最好在面团上盖上保鲜膜或盖子。

2 | 花生汤圆

吃过了黑芝麻汤圆，现在再来吃花生的。

这次的花生汤圆在上次黑芝麻汤圆的基础上做了改进，应该说是口感上更好了。

有兴趣的朋友可以试试看。

面团原料 糯米粉100克，开水50克。

 馅料原料 花生仁50克，白糖30克，猪油40克。

 分量 14个。

做法

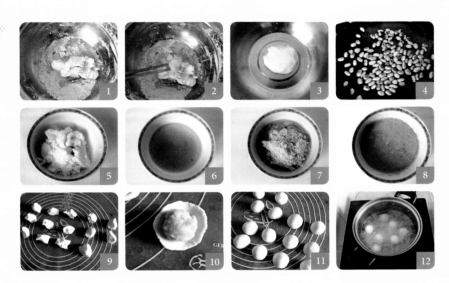

1. 糯米粉中加入开水揉成团。

2. 面团不会怎么成型，你要取一小块面团（大概1/10的面团）放入开水中煮开，再放回面团中。

3. 这时，就可以轻松地揉成面团了。

4. 花生仁炒香，去皮，用搅拌机搅拌成花生粉。

5. 将猪油加白糖放在一个小碗中。

6. 用微波炉加热，再搅拌至白糖溶化。

7. 加入花生粉，搅拌成花生馅。

8. 放入冰箱冷冻10分钟至硬。

9. 面团分成相等大小的14个。

10. 包入花生馅。

11. 揉成汤圆坯子。

12. 锅中放水烧开，下入汤圆，至汤圆浮起就熟了。

飞雪支招

1. 这里将白糖先溶化，这样煮好后，吃起来就不会有白糖粒了。

2. 同样的方法也适合包其他果仁馅料。

3 | 猫爪
汤圆

元宵节的时候大家一般都会吃汤圆，不过除了元宵节，现在很多人平时也会偶尔吃点。

汤圆通常都是圆圆的形状，今天做个不一样的造型，小朋友一定喜欢。

原料　糯米粉100克，开水50克，食用色素少许。

 分量　9个。

做法

1. 准备开水50克，将糯米粉倒入开水中。
2. 混合成团。
3. 取出一小部分面团重新放回水中煮开。
4. 再放回原来的面团中。
5. 继续揉成均匀的面团。
6. 取一小部分面团，加上色素混合成粉面团。
7. 将白面团分成1个3克的大面团和4个1克的小面团，粉面团分成1个1克的大面团和4个0.3克的小面团。
8. 将白面团放下面，粉面团放上面，合并成猫爪形状。
9. 上面覆盖保鲜膜，用刮板压出猫爪形状。
10. 再放入开水锅中煮熟即可。

飞雪支招

1. 从面团中取一小部分放回水中煮开再揉，可以让面团揉得更好。
2. 如果不喜欢用食用色素来和面团，也可以用可可粉做成黑色。最佳方法是用各种蔬菜汁做成喜欢的颜色。

4 | 炸汤圆

元宵节北方人爱吃元宵，南方人偏爱汤圆。

在制作方法上，虽然都是用糯米和馅料制作而成，但元宵是在馅料外面一层层地裹上糯米粉，而汤圆则是先制作好外皮再包上馅料。但不管是哪种方法，各有各的风味。元宵节在家亲自制作炸汤圆也是一个不错的选择。

原料 糯米粉100克，开水60克，糖粉少许。 **分量** 16个。

做法

1. 将糯米粉倒入容器中，加入适量的开水。
2. 揉成面团，稍饧一会儿。
3. 然后分成10克左右1个的小剂子。
4. 再把每个小剂子搓圆。
5. 在每个汤圆上用牙签扎几个小眼。
6. 放入油锅里炸熟，取出撒上糖粉即可。

飞雪支招

1. 做汤圆要用滚开的水，如果太烫，可以先用筷子搅拌。
2. 在揉的过程中，如果发现有些粘手，可以在手上抹些生的糯米粉。
3. 因为害怕炸的时候会裂开，所以在每个汤圆上扎些小眼。
4. 炸汤圆的过程中，火力不要太大，否则外面熟了，里面却还没熟。扎些小眼，也可以让汤圆更容易炸透。

七、馄饨类

1 | 红油馄饨

红油馄饨，吃不够的早点。

馄饨（又叫"云吞"），是中国的传统美食，来源于中国北方。

今天我做的这款是小馄饨，包法极其简单，一看就能学会。

原料 馄饨皮500克，肉末250克，葱末10克，姜末10克，鸡蛋半个，盐5克，白糖5，老抽5克。

调料 红辣椒油、生抽、白糖各适量。

做法

1. 准备材料，肉末中加入葱末、姜末以及其他材料和成肉馅。（如果不喜欢姜末，也可以不放。）

2. 取其中一片馄饨皮，将肉馅放入其中。（要注意肉不能多放，多了就不好包了，而且煮的时候也容易皮熟肉不熟。）

3. 用手将馄饨皮捏一下，包起就行了。（记得要捏有肉的部位，不要捏皮，不然皮在煮的时候会粘在一起，影响口感。）

4. 做好的馄饨，大概可以下6碗。

5. 锅中放水，水开后下入馄饨，水再次开后，就可以捞出了。

6. 备红油，用自己制作的红辣椒油，加少许生抽，就可以了。如果喜欢吃甜的，也可以放些白糖。

飞雪支招

1. 馄饨皮可以自己在家里制作，但要注意将皮擀薄，不然不好吃。

2. 如果不喜欢吃辣的，可以不放红油，在汤碗中加少许紫菜、虾皮和蛋皮，就是一碗虾皮馄饨。

2 | 荠菜馄饨

馄饨皮原料	中筋面粉100克，水50克，盐1克。
馅料原料	荠菜200克，鸡蛋3个，香油20克，盐适量。
调料	虾米、紫菜、盐各适量。

馄饨可以说是百吃不厌的小吃，特别是冬天的早晨，来上一碗馄饨，一个上午都满足了。如果馄饨里面用上荠菜，可是难得的美味。

做法

1. 准备馅料，将荠菜清洗干净，焯开水，再放入凉水中过凉。

2. 用机器搅成碎末。

3. 将两个鸡蛋打散，在平底锅中放少许油，倒入蛋液，炒成鸡蛋碎。荠菜末挤净水分，放入蛋碎中。

4. 再打入1个鸡蛋，放入适量的盐搅拌均匀，同时淋上适量香油，喜欢鸡精可以加少许鸡精，混合成馅料备用。

5. 中筋面粉100克、水50克、盐1克混合成团，用压面机擀成长片。如果粘手，可以撒上少许玉米生粉。

6. 面片尽量擀薄，切成梯形，也可以切成长方形。

7. 取少许馅料。

8. 将面片对折。

9. 再将两边捏好。其他依此制作完毕。

10. 锅中加水烧开，下入馄饨，煮至浮起，关火。

11. 准备一个小碗，放适量虾皮、紫菜和盐。

12. 在小碗中倒入少许煮馄饨的水，捞起馄饨即可食用了。

飞雪支招

1. 馄饨面皮以和成团为准，可以饧一会儿，让面团充分吸收水分。

2. 擀制时，要撒上玉米生粉，这样可以防粘，也容易包。

3. 在包时，如果两个皮无法黏合，可以滴一滴水，就会好包了。

4. 喜欢吃肉的话，可以将原料中的鸡蛋改成肉末，也相当好吃。

5. 馄饨皮尽可能擀薄一点，这样下锅较容易熟。

3 | 炸馄饨

美味的馄饨一直是小吃店里的主打角色。

如果吃多了汤水馄饨，可以试试炸馄饨，香酥可口，会带来不一样的美味体验。

原料 ▶ 馄饨皮200克，猪肉150克，葱姜水100克，荠菜150克，盐5克，油5克，胡椒粉适量。

馅料
制作 ▶ 将猪肉（三分肥七分瘦）剁成碎末，分几次加入葱姜水，然后搅拌成均匀的肉泥。

荠菜洗净后，焯水，切成末，倒入肉泥中，加入1勺油，再加入盐和胡椒粉搅拌均匀。

做法 ▶

1. 将100克面粉加入50克水揉成均匀的面团，后用电动压面机压出极薄的面片，用刀切成长方形，然后包入馅料。（此馅料适合现包现吃。）

2. 将面片对折。

3. 然后两边向中间捏，包成护士帽形状（图3中形状）。

4. 按此法依次包好。

5. 锅中放油，烧热，然后用中小火将馄饨炸至金黄色即可。

飞雪
支招 ▶ 1. 炸的时候火力不要太大，否则外皮煳了，里面还不熟。
2. 吃的时候，可以蘸一些调料汁食用，也可以不蘸。
3. 包好的馄饨，可炸可煮。吃不完的可以放冰箱冷冻至硬保存。

八、饺子类

饺子的五种包法

　　饺子是我们常吃的食物，但依个人喜好，包法有所不同。这里介绍五种饺子的包法，有兴趣的话可以都试试。

一、一般饺子1号

做法

1. 饺子皮摊平放在桌上。
2. 将馅料放入。
3. 将两边的饺子皮从中间捏紧。
4. 两边再捏好即可。

二、一般饺子2号

做法

1. 将饺子皮摊平，放入馅料。
2. 然后顺着一边捏出褶皱。
3. 褶皱放大一点看。
4. 一直到捏好为止。

三、波波饺

做法

1. 将饺子皮摊平，放入馅料。
2. 饺子两边对折，捏紧。
3. 用刮板将饺子边缘压出波纹。（还有一种是手压，但刮板更方便一些。）
4. 压好的饺子如图。

四、蛤蜊饺

做法

1. 将饺子皮摊平，放入馅料。

2. 将两边的皮对折，并向中间靠拢。

3. 将两边捏紧。

4. 再捏成波纹。

五、马蹄饺

做法

1. 将饺子皮摊平，放入馅料。

2. 将两边捏紧。

3. 将饺子两边弯曲后，向中间靠拢。

4. 再捏紧即可。

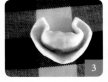

飞雪支招

1. 制作饺子皮，以面粉500克、水220克的比例。不能太软了，否则下出来影响口感。

2. 面团揉好后，再用些劲多揉一会儿，饺子会更筋道。

3. 用鸡蛋代替水和面，做出来的饺子会更好吃。

4. 饺子的馅料中加入适量葱姜水，搅拌均匀，这样做出来饺子会比较有汁。

1 | 荠菜饺

荠菜饺吃的就是它的鲜香。荠菜也不是一年四季都有，一般只有春季的时候才会上市，很多人喜欢用它来包饺子。

馅料原料　猪肉馅500克，盐14克，白糖14克，生抽10克，胡椒粉1克，葱姜水150克，荠菜500克，香油30克，鸡精4克（可不放）。

饺子皮原料　面粉500克，盐5克，鸡蛋2个，水150克。（盐和鸡蛋放一块混合后再倒入面粉中，加水制作成饺子皮。）

做法

1. 荠菜清洗干净，焯水，放凉。
2. 猪肉馅中加入盐、白糖、生抽。
3. 再分次加入葱姜水，将所有肉馅材料混合均匀。
4. 再倒入切碎的荠菜，放入鸡精混合均匀。
5. 饺子皮做好后，分成小剂子，每个小剂子擀成饺子皮，包入馅料。
6. 包好后收口，依次坐摆放好。
7. 锅中水烧开后，放入饺子，浮起来约1分钟后捞出，蘸自己喜欢的调料吃即可。

飞雪支招

1. 饺子皮中我用的是土鸡蛋，所以包出来显得特别鲜黄诱人。
2. 皮薄馅足的饺子吃起来会特别香。
3. 馅中的肉以三分肥七分瘦为最佳（二分肥八分瘦也可）。

2 | 冰花煎饺

饺子的做法有很多种，不光是馅料种类繁多，就连吃的形式也是五花八门。当然，最常见的就是煮饺子，也有蒸饺子、煎饺子，还有炸饺子的。这款冰花煎饺是怎么做的呢？以下予以详解。

原料 猪肉馅100克，韭菜100克，饺子皮150克，淀粉15克。

调料 料酒5克，盐5克，老抽5克，白糖3克，油15克。

分量 25个。

做法

1. 猪肉馅中加入老抽、白糖、料酒先搅拌好。
2. 韭菜洗净后切成碎末，倒入肉馅中。
3. 加入盐和油搅拌好。
4. 取一个饺子皮放上馅料。
5. 依次包成饺子形状。
6. 放入电饼铛中，先盖盖煎一会儿。
7. 淀粉中加少许水搅拌好。
8. 锅中饺子底部稍煳后，倒入淀粉水，盖盖煎至上焦色即可。

飞雪支招

1. 饺子皮我一般是自己做，如果是买的，一定要注意在饺子皮的两边沾些水，这样才好包。
2. 由于韭菜的特殊性，一定要现包现和馅，这样韭菜不容易出水。另外就是先加油后放盐，油包住韭菜后再放盐，就不容易出水了。
3. 淀粉和水的比例，一般是10克玉米淀粉比50克水就可以了。如果水放得太多，不容易结冰花。
4. 用这种方法，还可以做冰花锅贴。

3 | 灌汤蒸饺

饺子蒸着吃，有"蒸蒸日上"的意义，寓意来年会有一个好光景，过年的时候一定要吃哦。

猪肉冻原料　猪肉皮100克，水1000克，盐1克。

蒸饺原料　饺子皮200克，猪肉冻130克，猪肉130克，葱姜粉0.5克，盐3克，生抽5克，白糖2克，料酒5克，水30克。

分量　16个。

做法

1. 先将肉皮洗净，去掉猪毛。

2. 然后将肉皮用水煮开。

3. 煮好后取出，用刀去掉肥肉。

4. 再将肉皮切成丝。

5. 加水1000克再煮。

6. 煮至肉皮稍烂后，将肉皮和水一同倒入搅拌机中，搅打成糊。

7. 加盐再次煮开。

8. 将煮好的肉皮汤装入一个长方形的保鲜盒中，盖盖，放冰箱冷藏室一个晚上。

9. 次日取出来倒扣出保鲜盒。

10. 将肉皮冻切成碎丁，肉皮冻的量和肉馅的重量相等。

11. 将猪肉切成肉丁。

12. 再剁成肉泥。

13. 肉泥加葱姜粉、生抽、盐、白糖、料酒，慢慢地加入水，使其充分吸收。

14. 加入肉皮冻碎丁搅拌好备用。

15. 准备饺子皮少许。

16. 包入肉馅，成饺子形状。其余逐一包好。

17. 一个直径15厘米的蒸笼大约可以放16个饺子，饺子装入铺好硅油纸的蒸笼中。

18. 水开后蒸约8分钟即可。

飞雪支招

1. 制作肉皮冻的时候，水很容易被煮干，所以最好一次性多加些水。

2. 肉馅本身比较柴，如果直接包馅的话，会比较干，而在肉馅中加入少量的水，可以让肉馅变得更好吃。

3. 因为饺子里要有汤，所以加入与肉馅同比例的肉皮冻，会使馅料汁水多，味道才会更好。

4 | 韭菜肉饺

饺子是百姓家中经常会做的一道主食，而韭菜馅饺子也是款非常受欢迎的家常美食。

猪肉250克，鸡蛋2个，韭菜400克，葱姜水100克，饺子皮600克。

 盐12克，胡椒粉少许。　　　　 50个。

做法

1. 将猪肉绞成肉馅。

2. 分次加入葱姜水，让肉馅充分吸收。

3. 锅中放入少许油，将鸡蛋炒成蛋末。放凉后，倒入猪肉馅中。

4. 在包之前，倒入切好的韭菜末和调料，搅拌均匀备用。

5. 取一个饺子皮，包入馅料。

6. 捏成饺子形状即成。

飞雪支招

1. 如果一次做的饺子比较多，可以一个一个排放在冰箱里冻好。然后用袋子装好，随吃随取。

2. 这种馅在吃的时候比较多汁。

3. 也可以用芹菜、茴香等蔬菜做各种口味的饺子。

5 | 虾饺

饺子皮原料 澄粉50克，开水50克，玉米淀粉8克，油10克。

馅料原料 虾100克，猪肉40克，葱姜末少许，盐2克，白糖5克，料酒少许。

分量 14个。

饺子里加了虾就会很鲜美，小朋友们当然会更爱吃！

1. 将水烧开。

2. 准备澄粉和玉米淀粉，倒入容器中。

3. 用50克的开水倒入澄粉中，揉成团。

4. 再加入油揉滋润了，用猪油效果更好。

5. 将揉好的面团分成10克一个的小剂子。

6. 将小剂子放在保鲜膜中，用擀面杖擀成圆形。

7. 取出圆形面片，用模具压出圆的形状，这样会比较漂亮。其余依此进行。

8. 准备馅料，虾取80克，加入肉馅40克。

9. 用刀剁细。

10. 加入葱姜末、盐、白糖、料酒等调味料搅拌均匀。

11. 再加入其余整虾。

12. 取一个饺子皮，上面放少许的虾肉和一只整虾。

13. 将其包成饺子形状。

14. 放在有硅油纸的蒸笼上冷水上锅，蒸6分钟即可。

飞雪支招

1. 用澄面制作的饺子会非常透亮，如果有猪油加入会更漂亮。

2. 全用虾做出来的内馅会显得红红的，很好看。我加了少许的猪肉，所以颜色有些深。

3. 如果喜欢脆些的口感，可以加少许的笋末。

4. 蒸的时间不用太长，6分钟左右就可以了。

九、面条类

肉丝炒面

炒面营养丰富，喜欢吃的蔬菜、肉和鸡蛋都可以放在里面一起炒。早上来一碟，搭配一碗清汤，一天都会精力十足。

原料　猪瘦肉丝100克，生菜叶30克，木耳丝30克，青椒丝15克，面条80克。

调料　生抽5克，油5克，水淀粉15克，鲜味酱油10克。

做法

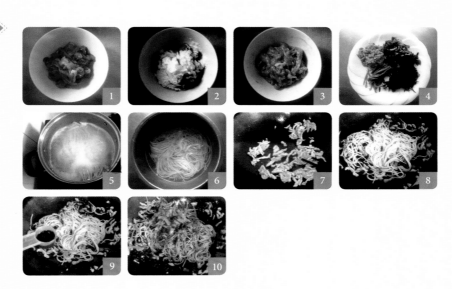

1. 将猪瘦肉切成细丝，切得细一点比较好。

2. 加入生抽、油和水淀粉。

3. 搅拌均匀，放一会儿备用。

4. 将菜叶、木耳、青椒分别切丝。

5. 锅中水烧开，放入面条，煮至八成熟时捞出。

6. 放入凉水中备用。

7. 锅中放少许油，油热后倒入肉丝。

8. 炒至肉丝变色后，倒入木耳丝，用筷子翻均匀，再放入面条。

9. 倒入鲜味酱油，用筷子翻均匀。（可根据个人口味适量添加。）

10. 最后放入生菜丝和青椒丝，再用筷子翻炒均匀即可。

飞雪支招　提前准备配料，早上制作会非常节约时间。

2 | 番茄
乌冬面

乌冬面滑溜溜的，吃起来相当过瘾。

原料　乌冬面100克，西红柿1个，鸡蛋1个。

调料　油、盐各适量。

做法

1. 锅中放少许油。
2. 西红柿清洗干净，去皮切小块后倒入锅中。
3. 加入适量的水，然后煮开，淋上搅拌均匀的鸡蛋液。
4. 淋好后再煮约1分钟，下入乌冬面。
5. 面条倒入后，用筷子将其散开煮熟。
6. 加入适量的盐调味即可。

飞雪支招

1. 如果喜欢味道丰富一点的，可以加少许胡椒粉、葱姜粉调味。
2. 鸡蛋怎么样比较容易成蛋花呢？可以在水煮滚后，将蛋液慢慢倒入即可。一定要滚开的水，而且蛋液下入锅中后不要搅拌，淋下自然会成蛋花。

3 | 菠菜面

面条并不是千篇一律的。

爱做面点的人，面条在他们的手中，一样可以变幻出无穷花样。

就如同眼前的这款菠菜面，在面里加入菠菜汁，面条立马变个样，颜色翠绿，让人食欲
剧增。

面条原料　中筋面粉250克，菠菜汁115克。菠菜250克、水100克搅打、流汁即成。

 配菜原料　肉末100克，茭白100克，胡萝卜50克，生抽10克，白糖2克，盐2克。

 做法

1. 菠菜清洗干净，放在加入盐和油的开水中焯一下。大概盐1克、油5克（盐和油的用量在原料外），这样做是为了让菠菜颜色更好看。

2. 焯好水的菠菜放入冷水中。

3. 放凉后切成3厘米长的小段。

4. 切好的菠菜段放入料理机中，加少许水，搅拌一分钟。

5. 然后过滤。

6. 过滤好的菠菜汁，取115克加入面粉中和成面团。

7. 把面团擀长（用压面机会更方便），再擀薄些。

8. 擀好的面片切成面条，上面撒些玉米淀粉防粘。面条做好后，放入面条分量10倍的开水里煮熟即可。

9. 肉末放在油锅中炒香，倒入切好的胡萝卜丝和茭白丝。

10. 加上调料翻炒均匀。吃的时候，倒在菠菜面的上面即可。

飞雪支招
1. 面条宜硬不宜软，面和得硬些更好。
2. 和好的面盖盖饧一下更容易擀。

4 鸡丝火腿凉面

夏天当热腾腾的面条端上来的时候，大家肯定会不太有食欲。这时吃凉面就是人们的大爱了。外面凉面卖得火热，自己家的也不能落后了。

原料　火腿1根，鸡丝50克，圆白菜50克，面条200克。

调料　红油15克，生抽15克，白糖2克，熟白芝麻1克。

做法

1. 提前将火腿切丝，圆白菜切丝，白芝麻炒熟备用。锅中水烧开，加少许盐和油，倒入圆白菜丝焯一下。
2. 取出来沥干备用。
3. 面条也放入水中煮开，取出沥干水分。加少许油搅拌均匀放凉备用。
4. 将面条、圆白菜丝、火腿丝、鸡丝、熟白芝麻以及各种调料搅拌均匀后即可食用。

飞雪支招

1. 面条煮熟取出来，为了防粘，可加少许色拉油。
2. 菜的种类根据个人口味选择，都切成丝是为了便于食用。

5 | 家常拌面

原料 面条200克。

调料 蒜蓉香辣酱5克，风味豆豉酱5克，生抽5克，白糖3克，葱15克，油少许，熟白芝麻少许。

我从小就爱吃面，也算是含着面条长大的。小时候妈妈比较忙，爸爸每天早上都下面条给我吃，但都是千篇一律的清水面条。

长大后，我对于面条不是特别喜欢，但如果这面条做得有滋有味，对我还是很有吸引力的，比如眼前的这碗。

做法

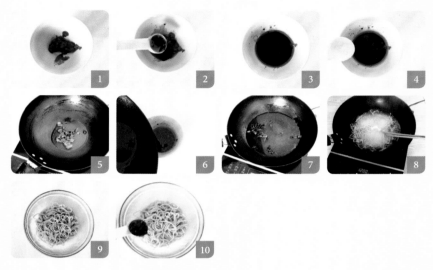

1. 准备一个小碗，放入蒜蓉香辣酱（有蒜的香味）。

2. 放入风味豉酱（有香油的香味）。

3. 加入生抽。（这里就不用放盐了，因为3种配料里面都有盐。）

4. 加少许白糖，可以提鲜。

5. 葱切成段，锅中加入少许油，爆香葱段。（如果觉得费事，可以直接倒些香油。）

6. 将葱油倒入酱汁中，别忘了再放些熟白芝麻，这个酱汁就做好了。

7. 锅里可以直接放些水，烧开后就可以下面条了。

8. 稍煮一会儿，用筷子拨散面条，水开后再次淋少许水，水再次开了面条就好了。

9. 将面条放在小碗中。（如果喜欢吃凉的，就过一下凉白开。）

10. 按自己口味加入酱汁就行了。

飞雪
支招

1. 酱汁可以按自己的口味来调，不喜欢吃辣的，可以不放辣酱，喜欢吃酸的，可以加些醋。

2. 面条如果比较容易烂，可以不用再次加入冷水煮开。如果面条比较硬，可以在水还没开之前就下入面条。

6 | 卤肉鸡蛋面

做面条，首先这面条一定要好吃，当然，自己手擀是不二选择；如果有机器压，也是相当方便；或者就买市售的鲜面条，比干面条好吃。这面条的汤是如何调的呢？往下瞧。

原料　卤肉50克，白煮鸡蛋1个，面条200克，青菜几根。

 调料　香油10克，生抽5克，盐1克，白糖2克，蒜蓉香辣酱5克，黑醋几滴。

 做法

1. 锅中加水煮开，加入面条再次煮开。
2. 加入洗净的青菜叶煮开，关火。
3. 调一碗面汤：先放香油，再放生抽和黑醋。
4. 加入盐和白糖（也可以用蒸鱼豉油5克代替），再加入蒜蓉香辣酱。
5. 倒入煮面的汤，至碗的一半位置。
6. 放入面条和青菜，再加上切成片的卤肉和切开的白煮鸡蛋即可。（如果没有卤肉和鸡蛋，就是碗纯粹的青菜面。）

飞雪支招

1. 面条我是自己压制的，相当好吃。如果用高筋面制作，会特别筋道。一般自制的面条放入水中煮开一次就可以了。自制的面条和干的面条不一样。如果是干的面条，还要淋水，再煮开才会熟。
2. 这是一款面汤的制作过程，适合所有没有卤汁的面条，比如鸡蛋面、青菜面等。
3. 如果喜欢辣的，可以放些辣椒油；如果喜欢鲜一些，可以放些鸡精。

7 肉丁
胡萝卜面

每天早晨吃碗清水白面，未免单调。

所以，什么面条酱、炸酱……各种调料应运而生！

今天咱就做个很适合面条的酱——胡萝卜肉丁酱！

我给它取了个好听的名字：面条伴侣！

提前一天晚上制作，第二天面条下好后，淋上酱就可以。此酱放冰箱一周内都不会坏。

不用担心酱的加热问题，因为面条本身的热量就会让酱不觉得凉，而且快速吃面条也不会觉得太烫，一举两得。

原料　洋葱70克，猪肉250克，胡萝卜100克，面条200克。

调料　豆豉30克，生抽30克，油50克。

做法

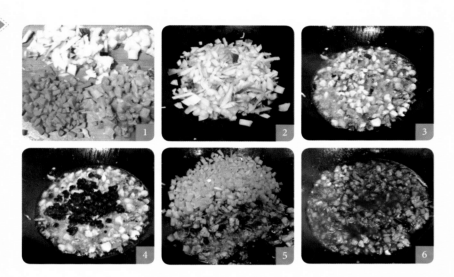

1. 所有蔬菜切成丁，将猪肉肥、瘦分开切丁。
2. 锅中放油，油热后，倒入洋葱丁和肥肉末。
3. 小火炸至洋葱水分干，煸出洋葱的香味。
4. 倒入瘦肉丁。
5. 再倒入豆豉炸香。
6. 倒入胡萝卜丁，加入生抽烧开。面条下好后，将肉酱淋在上面即可。

飞雪支招

1. 肉切成丁口感会更好，每一口都能吃到肉。
2. 生抽最好选择质量好的，且因为生抽里有盐了，所以不用另放盐。

8

酸辣
汤面

一碗貌似普通的面条却暗藏玄机。

我要向你报告，我吃了3碗！

让一个不爱吃面条的人吃了3碗面条，

这里面究竟有什么奥秘呢？

原料 高筋面粉300克，水40克，胡萝卜汁40克，芹菜汁40克，奶粉5克，韭菜叶少许。

调料 生抽10克，醋5克，白糖3克，盐2克，香油5克，油泼辣子20克。

做法

1. 100克高筋面粉加胡萝卜汁和成面团。

2. 100克高筋面粉加芹菜汁和成面团。

3. 100克高筋面粉加奶粉以及水和成面团。

4. 刚和好的面团稍干，放一旁饧10分钟。（这样，让面有一个松弛的过程，会更好擀。）

5. 白色面团擀成白色的面片。

6. 芹菜汁面团擀成绿色的面片。

7. 胡萝卜汁面团擀成橙色的面片。

8. 将3种面片叠在一起，再擀薄。

9. 用压面机压成面条。

10. 锅中放水，水开后，下入面条，水再次开后，倒入少许冷水。

11. 水第三次开时，放入韭菜叶，关火。

12. 将生抽、醋、白糖、盐、香油、油泼辣子一起调入碗中，搅匀成
味汁，放入面条就可以了。

飞雪
支招

1. 如果没有压面机，面条可以用手擀。

2. 最好用高筋面粉，做出的面条比较有嚼头。

3. 面团里放少许盐也可以让面更有筋道。

4. 一定要记得，面粉和水的比例是10∶4，这样和出来的面才筋道。

5. 配菜可以自由选择，比如油菜、生菜都可以。

十、馒头类

1 刺猬馒头

原料 中筋面粉250克，熟的南瓜泥150克，酵母2.5克，红豆少许。

分量 12个。

长时间给小朋友做同样一种食物，吃多了必然会生厌。

如果能做一些动物造型，让小馒头变身成可爱的小刺猬、小花猪、小狗等。小朋友看到漂亮的动物造型馒头，心里肯定高兴，自然就吃得多了，妈妈们也就可以放心了。

做法

1. 将所有材料（红豆除外）混合均匀，揉成面团，盖好盖，发酵至原体积的2倍大。

2. 然后取出面团揉成长条。（揉成长条的过程也是排气的过程，所以一般揉的过程中，面团会回到原来大小。）

3. 将面团切成12个剂子，切面要保证是光滑的，没有大的气泡，如果有，还要把气泡揉出。

4. 整形成椭圆形。

5. 取两粒红豆放在两边当刺猬的眼睛。

6. 用剪刀剪出刺猬的形状。

7. 做好造型后，将其放在涂过油的蒸笼上，饧30分钟。（饧的时间应根据室温决定，如果是夏天，大约10分钟就可以了。如果不涂油，馒头会粘锅，也可以将其放在蒸笼纸上或蒸笼布上来防粘。）

8. 用中火蒸大约20分钟即可。

飞雪支招

1. 小刺猬馒头的颜色，由南瓜本身的颜色来决定。这次用的南瓜颜色浅，所以出来的馒头颜色就比较淡。

2. 冬天发酵必不可少的是时间。有些朋友说自己做发酵点心，只能涨到原体积的1.5倍大，其实很多时候，是因为还没有发酵好你就急于制作了。还有些朋友说自己蒸出来的馒头孔洞太大、组织粗糙，那可能是因为面发过了。

3. 用来装饰的小红豆是不能吃的，如果想吃，可事先将红豆煮熟。

2 | 豆浆
馒头

吃晚饭的时候，我对老公说：瞧咱们这馒头做得，表面不光滑。

老公：管他呢，只要好吃就行了。

我：那哪儿行啊，不光要心灵美，也要外在美啊。更何况我是一个追求完美的人！

这个馒头因为需要先整形，所以夏天45分钟的时间可以做好。

原料 豆浆130克，面粉250克，油10克，盐1克，白糖10克，酵母2克。

分量 8个。

做法

1. 豆浆中加入油、盐、白糖和酵母搅匀。

2. 倒入面粉，混合好。

3. 揉成光滑的面团。

4. 搓成长条。

5. 分成8个相同大小的剂子，揉成圆形。

6. 蒸笼上刷油。

7. 放入馒头坯子，盖好盖。

8. 饧20分钟至涨大1圈再中火开始蒸，蒸20分钟至熟即可。

飞雪支招

1. 这个馒头用豆浆代替水，更有营养。

2. 馒头采用的是先整形，后发酵的方式，节省了时间。

3. 蒸笼刷油，不容易使馒头粘锅。

3 全麦馒头

现在人们都追求健康的生活方式，在制作馒头的时候，我们也可以加一点全麦粉，让我们的馒头更健康。

原料 全麦面粉50克，特一粉150克，水100克，盐1克，白糖5克，酵母2克，油2克。

分量 30个。小剂子每个重约13克。

做法

1. 水中放入盐、白糖、酵母、油搅匀、溶化。
2. 全麦面粉加入特一粉中混合好，与水和成一个面团，饧10分钟。
3. 擀成一个长方形面片。
4. 顺长边卷起，卷好。
5. 用刀切成一段一段的小剂子，卷好。
6. 放入蒸笼上喷水，饧30分钟，再蒸15分钟即可。

飞雪支招

1. 此款馒头最好先整形后发酵。
2. 馒头中由于加入了全麦面粉吃起来更健康。
3. 想知道馒头是否已经蒸好了，用手按馒头，如果反弹，即蒸好了。
4. 馒头表面喷水，可以使馒头表面更光滑，也可以使馒头在发酵过程中不会干。
5. 一般来说，冷水上锅蒸就可以。我试过热水蒸，也试过冷水蒸，二者并没有太大区别，仅是时间长短而已。
6. 特一粉就是普通中筋面粉。

4 双色玉米面馒头

玉米面是粗粮，但是用来做点心的话，只要结合白面一起做，就不会吃出粗粮的感觉，反而会让馒头的色彩更漂亮。

原料　面粉185克，水125克，白糖10克，盐1克，酵母4克，油10克，玉米面60克。

 分量　8个。

做法

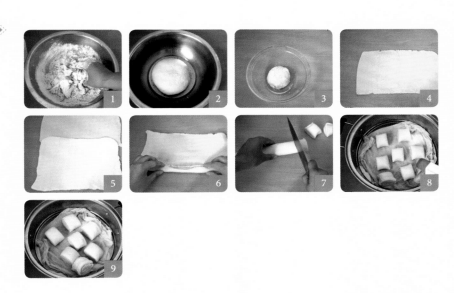

1. 60克水、2克酵母、5克白糖、5克油、0.5克盐、125克面粉混合搅匀。揉成面团。
2. 把面团揉光滑。
3. 玉米面加入面粉，加入余下的其他材料揉成面团。
4. 将玉米面团饧10分钟后，擀成长方形面片。
5. 普通面粉的面团也擀成长方形面片。
6. 将黄色面片放在上面，白色面片放在下面，顺长边卷起。
7. 用刀切成相同大小的段。
8. 放入蒸笼中，用喷壶喷水。
9. 饧30分钟后，上笼蒸20分钟至熟即可。

飞雪支招
1. 同样的方法还可以做成荞麦面馒头。
2. 气温不同酵母的用量多少也不一样，一般冬天会多一点，夏天会少一点。

5 芝麻小馒头

小馒头一口一个，里面加了黑芝麻磨成的粉，所以整个看上去黑黑的，但是很有营养。

原料　黑芝麻25克，中筋面粉250克，水130克，酵母2.5克，白糖20克。

 分量　23个。

做法

1. 黑芝麻炒熟后磨成粉。（不炒也行。）

2. 将所有原料放入容器中。

3. 揉成面团。

4. 发酵至原来的2倍大再揉圆。

5. 将面片擀成薄片。

6. 然后分成小方形块。（最好用压面机压，比较光滑。）

7. 上面抹少许油（也可以抹水），要抹均匀。

8. 顺边卷起。

9. 切成小块。

10. 蒸笼上抹油。

11. 将小馒头坯子放入蒸笼上，饧至大1圈后，冷水上锅蒸18分钟左右即可。

飞雪支招

1. 面团一定要揉光滑了，这样蒸出来的馒头才会光滑。

2. 馒头坯子放入蒸笼后要分开一点排，因为蒸好会容易膨胀。

3. 同样的方法也适合加入其他的粉类，比如全麦粉、紫薯粉、花生粉等。

6 南瓜
小金猪

时间过得真快，一转眼就12月了。

在农村，每年最热闹的时候，莫过于过年杀猪了。

家家就像办喜事一样开心。

自己家里要是蒸一笼这样的小金猪，我想爸妈都会笑醒的。

"蒸"更是蒸蒸日上的意思，所以，这笼小金猪……要得！！

原料　中筋面粉250克，熟南瓜泥150克，豆沙馅200克，酵母2.5克，黑芝麻少许。

 分量　20个。

做法

1. 将熟南瓜泥放入容器中，加入面粉和酵母。

2. 搅拌成团。

3. 揉好后开始发酵，这是一次发酵，至原体积的2倍大即可。

4. 面团发酵好后，分成21份；馅料分成20份。1份面皮包1份馅料，剩余的1份面团用来做猪耳朵等。

5. 整形成圆形。

6. 用水粘上两个黑芝麻，再放一小块面皮，也同样用水粘上。

7. 再做两个猪耳朵粘上，用牙签扎出两个鼻孔。

8. 蒸笼上抹油，将小猪包放入，温水饧30分钟。蒸20分钟左右关火，3分钟后开盖取出即可。

飞雪支招

1. 水容易帮助面皮粘和，所以要准备些水。

2. 小猪的鼻子是最传神的，因此在用牙签扎的时候要细心哦。

3. 要先饧一会儿，等小猪"长大"点后再蒸哦。

十一、花卷类

葱花卷属于咸味的花卷，但它因为有了葱香，所以口味喷香，口感佳。

原料 ▶ 面粉250克，水130克，酵母5克，盐2克，油10克，小香葱适量。

分量 ▶ 12个。

做法 ▶

1. 准备小香葱，清洗干净后切碎。
2. 将面粉、酵母和水混合，揉成一个光滑的面团。
3. 饧发至原体积的2倍大后，擀成长方形薄片。
4. 在面片表面，淋少许油，将油抹均匀。
5. 撒上切碎的葱花和盐。
6. 顺边卷成卷。
7. 将面卷切小段。
8. 每两个切面朝上并排放在一起对折。
9. 将面拉长，将拉长的两头，收口朝下，卷成花卷形状,放蒸笼上。
10. 再次饧发大1圈后，蒸15分钟左右，关火两分钟后取出即可。

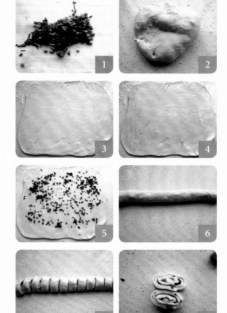

飞雪支招 ▶

1. 这里的葱，最好选择小香葱，蒸出来的香味会特别浓郁。
2. 蒸好的葱花卷，不要着急取出来，要过2分钟后再取出，这样成品较美观，否则会容易因为冷热的原因，导致花卷表面不太平整。

2 | 火腿卷

※ 火腿卷：中国传统发酵类面食制作答疑

很多人都喜欢吃发酵类食物，那么怎样成功制作发酵类面食呢？

＊ 先看看如下几点

1. 酵母一定要和水混合在一起吗？

　　飞雪回答：不一定。但如果你提前和水混合好了，发酵更均匀，比直接放面里好。不过，我都是直接放面里的，也没失败过，所以不一定要放水里。

2. 你的包子没蒸好，一定是用冷水（或热水）蒸的吗？

　　飞雪回答：不一定，我蒸包子的时候，不管是热水还是冷水，都出现过包子没蒸好的情况，所以这和冷水、热水没什么关系。

3. 用什么面粉比较好？

　　飞雪回答：我试过高筋、低筋和中筋面粉，都可以做出漂亮的馒头。

4. 你蒸好后，没有过1分钟就取出来，所以效果不好。

　　飞雪回答：不一定。因为我蒸的时候也试过，不管是立刻开盖，还是过一两分钟再开盖，结果都差不多。所以，和开盖的时间没有直接关系。只要是做得好的面团，不管什么时候取出，都会很漂亮。如果担心效果不好，最好是过一两分钟再取出，会更保险。

5. 你没放泡打粉，所以蒸得不好。

　　飞雪回答：不是的。以前的发酵类面食都是不用泡打粉的，并没有不好的影响。

6. 要用竹蒸笼，不能用不锈钢的蒸笼。

　　飞雪回答：不一定。我家就是用不锈钢的蒸笼，而且现在到哪儿去找竹蒸笼？

7. 你包子蒸得出现黄斑了怎么办？

　　飞雪回答：蒸笼盖子上要包毛巾，否则水滴到包子上，就会使得包子表面有斑点了。

8. 火力太大或者太小，会导致包子蒸不好。

　　飞雪回答：是的。火力很关键，太大或太小的火力都容易使包子蒸不好。

9. 你的面没揉好，是做包子失败的关键原因。

　　飞雪回答：没错。包子的成败和面团揉得好坏有直接关系。你仔细观察就不难发现，包子店的伙计都在用力揉面团，面团揉好后，凭经验就能做出好看的包子。所以，一般没有搅拌机的包子店，一定要手揉到面团均匀才开始做包子。因此，面团一定要揉好，这是包子成功的关键。

10. 为什么我做的馒头没你的白？

　　飞雪回答：要想白，简单啊。你放入牛奶，馒头就会白；你加油，馒头就会有光泽。

　　（下面介绍的这款火腿卷就是放了油，所以才有了光泽。）

原料 低筋面粉250克，水130克，酵母2.5克，无铝泡打粉2.5克，油10克，火腿肠7根。

分量 14个。

做法

1. 除火腿外，所有材料搅拌在一起揉成面团。

2. 将面团分成14个小剂子，火腿也一切为二备用。（我这样做出来比较小巧。）

3. 将小剂子搓成长条，是火腿的2～3倍长。

4. 将面团绕着火腿卷起来。

5. 可以根据个人喜好，绕3圈或4圈都可以。其余依此制作

完成。

6. 蒸笼刷一层油。

7. 将火腿卷放在上面，我放的是上下两层，将水烧至温热，盖盖，饧30分钟左右。

8. 中火，冷水上锅，蒸20分钟左右即可。开盖的时候，可以用手按一下，反弹回来就是蒸好了。关火后3分钟开盖。

飞雪支招

1. 用低筋面粉制作的馒头比较松软。

2. 这里没有一次发酵，你也可以一次发酵，但要发至面团原体积的2倍大，再开始第二步往后的工作。

3. 也可以不放泡打粉。

4. 如果能接受酵母的味道，酵母多放些没关系。

5. 用牛奶代替水，蒸出来的成品会更白。

6. 也可以少加些白糖和盐，使花卷更有味道。因为我用了火腿，所以这些都省去了。

3 | 南瓜菊花卷

菊花形状的花卷很漂亮，而且吃的时候更有新意，可以一片一片撕着吃，很方便。

原料　南瓜泥180克，中筋面粉300克，酵母5克，油适量。

 分量　12个。

做法

1. 将南瓜泥、面粉和酵母倒入面包机中。
2. 加水揉成稍硬的面团。
3. 将揉好的面团擀成长25厘米、厚0.4厘米的长方形面片。
4. 在上面抹油。
5. 顺边卷起后，切成1.5厘米的小段。

6. 将两段有纹路的面向上，用筷子夹起。
7. 再用剪刀剪四刀，整理成菊花形状。
8. 蒸笼上抹油，上笼。
9. 饧30分钟左右，目测大1圈后蒸15分钟即可。

飞雪支招

1. 用筷子夹的时候别太用力，否则容易断。
2. 抹油的时候尽量多抹些，否则剪过后容易分开。
3. 卷的时候要轻些，这样卷好后才容易分层，太用力了反而不容易起层次。

4 | 腊肠卷

每年入冬的时候，我都会做一点腊肠。不多，够尝味就行。

将腊肠融入到面点中，有肉香、葱香、面香，味道是差不了的。

女儿曾创下一次吃5个的纪录。

自己家做的腊肠，颜色和市售的那种完全不一样，有些偏黑。

我曾经也做过红曲的，希望改善颜色，但效果也不是很理想。

不过，自己做的就是实在。一小根腊肠，里面可都是纯肉啊，咱不在腊肠里加淀粉。

面团原料 ▸ 面粉150克，水75克，酵母1.5克。

 **分量** ▸ 6个。

 配料 ▸ 腊肠50克，葱30克。

 做法 ▸

1. 将材料1混合均匀，发酵至原体积的2倍大，擀成长方形面片。

2. 蘸少许水，抹在面片表面，至出面浆，这样做的目的是为了让腊肠粒沾在面片上。

3. 将腊肠切粒、葱切末，均匀地撒在面片上，按实。

4. 将面片平均切成4份。

5. 然后将4份一个压一个地变成一份4层。这样做是为了让腊肠卷每层都有腊肠和葱花。

6. 用刀切三刀，每三刀的两条，向下弯曲，就变成一个花卷。准备的材料可做6个花卷。

7. 将腊肠卷放入抹过油的蒸笼上。饧30分钟左右，至卷变大1圈。冷水上锅蒸15分钟左右，关火3分钟后开盖。

飞雪支招

1. 面片擀长擀薄，要光滑。

2. 一定要饧到长大1圈再蒸，不然还是不会松软的。

3. 不放葱也可以，没有腊肠也可用火腿肠代替。

5 蝴蝶卷

南瓜正是做点心的好伴侣，所以在很多的点心中都用到南瓜。

黄色面团：南瓜90克，中筋面粉150克，酵母2克。
白色面团：水65克，中筋面粉150克，酵母2克。

分量　8个。

做法

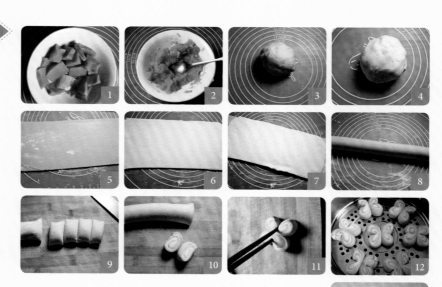

1. 南瓜去皮后，切成块，放在小碗中，盖盖，用微波炉蒸熟。

2. 用小勺子把蒸好的南瓜压成泥状。

3. 南瓜泥、中筋面粉、酵母和成黄色面团。

4. 水、中筋面粉、酵母和成白色面团。

5. 将黄色面片擀成0.4厘米厚的长片。

6. 将白色面片擀成0.4厘米厚的长片。

7. 白色长片放在黄色长片的上面。

8. 卷起。

9. 切成2～3厘米长的段。

10. 两个对着放在一起。

11. 用筷子夹出蝴蝶形状。

12. 放在蒸笼上，饧30分钟，蒸15分钟左右，关火后3分钟取出。

13. 做出来的蝴蝶卷内部组织是这样的（如图13所示）。

飞雪支招

1. 我用的是一次发酵。饧的时候是放在蒸笼上的，目测至原体积的2倍大就可以蒸了。蒸笼里放些温水比较好，利于发酵。

2. 面团一定要擀平，然后要比较干一点，操作才更方便，蒸出来也不容易有斑点。

3. 南瓜尽量选择颜色深一点的，蒸出来的颜色才好看。

十二、包子类

1 | 香菇
排骨包

想要包子好吃，馅是关键。今天我选择的是排骨馅。

那么，排骨馅怎么做才更有味呢？

＊ 有以下两个方法：

1. 将排骨腌一个晚上，然后炖熟。包入面皮中，蒸的时间是20分钟。
2. 将排骨腌一个晚上，直接包入面皮中，蒸的时间是40分钟。

通过后者，我们就可以吃到原汁原味的排骨包子啦。

 中筋面粉250克，水130克，白糖10克，盐1克，酵母3克。

 分量 5个。

 排骨5块，香菇3朵，洋葱半个，葱1根，生抽3克，料酒5克，白糖3克，盐3克，老抽2克。

做法

1. 将排骨肉剔下，切成小块，加入生抽、料酒、白糖、盐、老抽腌一个晚上。做前放入切成条的香菇、洋葱、葱。蔬菜可以切得大些，因为蒸的时候会缩水，变得很小。
2. 搅拌均匀静置一旁备用。
3. 面团原料混合均匀，揉成稍粗的面团，放在容器中盖上保鲜膜，再放在有温水的小锅里，盖盖饧30分钟。

有些朋友会问：这里经过一次发酵，待会儿上笼还要经过一次发酵。那这面团蒸好后还要大1倍。那不就是原来面团体积的4倍大了？其实不是这样的。一次发酵好后，我们还要揉回原状。等于面团大小在二次发酵前是没有变化的。上笼开始蒸的时候只是比以前涨大了1倍。

4. 30分钟后再揉成光滑的面团。

5. 然后用手搓成长条，用刀切4下。

6. 大约是80克1个的面团，共5个。

7. 取其中1个擀圆。

8. 包入香菇排骨馅。（要想卖相好，可以将排骨切得再小一点，容易蒸，也容易入味。但腌排骨的步骤不要少，最好还用一个晚上。）

9. 笼上抹油，将包子放上，蒸笼里放些温水，饧大约30分钟后开始蒸，蒸大约40分钟，确保排骨蒸热。（如果排骨是熟的就蒸20分钟，这样做是为了吃到原汁原味的排骨。）

飞雪
支招

1. 排骨馅包子比较实在，一咬开满满的都是排骨香，非常好吃。

2. 排骨剁的时候块头一般会比较大，自己在家包的时候，最好剁小一点，方便包。

很多朋友在做发面食品（比如面包、包子）的时候，失败的原因主要有以下几个：

1. 发酵不足。

导致结果：成品体积太小，蒸出来有点像饼，发不大。

形成原因：发酵不够，有时候还没有发上来，就急于蒸制（烤制）成品。

解决办法：发酵到位。（和淘米做饭的道理一样，第一次水多了，煮成粥饭；第二次水少了，煮成夹生；第三次水不多不少，饭就能煮得刚刚好了。）

2. 发酵过度。

导致结果（包子、馒头）：成品在蒸制的过程中，看着涨得挺高挺好。一关火，立即回缩。其实这是由于面的筋力在你一开始发酵的时候就过头过足，导致在蒸的过程中已经失去支撑力，导致回缩。

导致结果（面包）：发过了不能碰，一碰就容易塌，烤的时候，不会涨大，内部组织粗糙。

解决方法：一次发酵的时候不要发过了。

我听有些朋友说：我的面发得可好了。一按下去面就塌了，而且里面有好多好多的孔洞。有些新手往往会认为这是面发得好的表现。其实不是的，发好的面如果你一按下去就塌了，是因为发得太过，承受不住外力的结果。这样的面团，就不能用了。要么加上面粉揉成面团继续发酵，要么就少量分装冷冻，留着下次发酵的时候部分添加。如果直接蒸出来，肯定是酸味、酵母味、酒精味过重。

3. 卖相不好。

导致结果：蒸（或烤）的时候，看着不错，吃起来也口感不错，只是卖相不好，没法送人。

解决办法：手法上多加锻炼，多操作，熟能生巧。

夏天我往往喜欢一次发酵。面团揉好后，静置5分钟，就开始整形，然后上锅饧30分钟再蒸，馒头就做好了。面包同样也适用。

而冬天的时候发面是个难题。如果一次发酵，因为温度低，有时候两三个小时也不见动静，这样可就急人了。

＊ 那我是怎么做的呢？

　　首先，要保持酵母的活力。如果面团里面有糖，我建议用耐高糖的酵母，其他的酵母不太给力。我一般是把酵母密封冷藏，用夹子或保鲜袋、保鲜盒隔绝空气，这样保存的酵母放一年都没问题。

　　其次，酵母量要放合适。一般是面粉量的1%～2%，如果放得太多，那酵母味道就太重了，反而掩盖了面团本身的香味。还有些人不喜欢酵母的味道，即使放得很少，也能尝得出来，那怎么办呢？可以少加些小苏打，酵母的味道就没有了。

　　再次，我们可以先来一次发酵。

　　一次发酵怎么发？放哪里发？发多久？

　　我目前是这样处理的：面团揉好后，放在一个小盆里盖上保鲜膜（是为了给面团保湿），再把这个盆放在有1/3温水（和手温差不多）的小锅里，然后把小锅盖盖。为了防止发酵过头，你可以发酵20～30分钟就进行接下来的操作了。

　　在这里要注意：面团发酵过头会影响成品的效果，所以一次发酵千万不能过头。如果你无法掌握发酵的时间，就控制在20分钟为好。因为接下来还要经过二次发酵，所以一次发酵不足是没有问题的。

2 | 豆角肉包

在外面吃多了，最后还是觉得自己做的包子最放心、最实在。

面团原料 ▶ 低筋面粉250克，水125克，油10克，白糖20克，盐1克，酵母3克。

馅料原料 ▶ 豆角100克，肉馅100克，葱5克，姜5克，盐3克，白糖3克，油10克，老抽5克。

分量 8个。

做法 ▶

1. 豆角去掉两头，撕去筋。水开后，加少许盐和油，放入豆角焯至变色，放凉水中过凉。切成豆角末。

2. 肉馅加入葱、姜、盐、白糖、油、老抽搅拌好。

3. 加入豆角末搅拌均匀备用。

4. 面粉中加入其他材料揉成面团。

5. 面团分成8个剂子。

6. 取其中1个擀圆，包入馅料。

7. 包成包子。其余依此完成。

8. 放入涂过油的蒸笼盖盖，饧30分钟。

9. 蒸笼中加入冷水，中火蒸20分钟即可。

飞雪支招

1. 此款包子的面粉可以用低粉也可以用高粉，或者普通面粉，我习惯用低筋面粉。

2. 面团不能和得太软，太软的面团包好后，如果饧得时间太长，容易没有花纹。

3 | 素菜包

吃多了荤菜包，来些素菜包也挺好。加菜汁在包子面团里面，让包子看起来更有食欲，特别适合不爱吃菜的宝宝。

面团原料 中筋面粉180克，菜汁100克，酵母2克。

 馅料原料 韭菜100克，鸡蛋1个，粉丝、虾皮、油、盐各少许。

 分量 6个。

做法

1. 韭菜清洗干净后切成段，放入机器中打碎。
2. 鸡蛋放入有少许油的锅中炒散放凉。
3. 粉丝用温水泡软。
4. 将韭菜碎、粉丝与虾皮、盐、油搅拌均匀。
5. 将面粉中加入菜汁、酵母混合均匀，揉成面团，发酵至原体积的2倍大。
6. 分成6个小剂子，将小剂子擀圆。
7. 将面片包入馅料，包好成包子形状。
8. 放在铺有硅油纸的蒸笼上饧发至大1圈后，再蒸18分钟即可，关火2分钟后再开盖。

飞雪支招

1. 这里我用的是菜汁和面，如果用南瓜和面，那做出来的包子就是黄色的。
2. 包子里面放的韭菜和粉丝，蒸的时间不用太长。

4

虾米
青菜包

吃菜包的时候，色泽是非常重要的。当你撕开包子的时候，可不希望看到灰绿灰绿的馅料吧？

那么，怎么样包菜包，蒸出来的馅料颜色还是那么的喜人呢？看看下面我是怎么做的吧。

馅料原料　虾米30克，青菜250克，盐3克，白糖6克。

 面团原料　面粉250克，白糖13克，盐2.5克，酵母2.5克，水125克，油5克。

 分量　10个。

做法

1. 青菜洗净。锅中烧开水，水中倒几滴油和2克盐（分量外），将青菜放入。
2. 焯至变色后，放凉水中过凉。
3. 青菜切成细末，将虾米泡软后，放入青菜末中。
4. 加入调料搅拌均匀。
5. 面皮材料混合，揉成光滑的面团。
6. 分成10个小剂子，每个约38克。
7. 将小剂子擀成圆形的片，包入馅料。其余依此完成。
8. 放入锅中饧发至大1圈，然后蒸10分钟，关火后闷2分钟取出。

飞雪支招

1. 这款包子采用的是一次发酵。
2. 要想做出颜色漂亮的包子馅，有几点必不可少：其一，青菜要焯水。其二，焯的水中放盐和油，菜的颜色会漂亮。其三，焯水后，要过凉水。其四，包子的皮要薄一点。其五，蒸的时间不要过长。

5 | 香菇青菜包

面团原料 面粉250克，水125克，白糖10克，盐1克，酵母2克，油10克。

这款包子让你和家人爱上香菇爱上菜。

馅料原料 青菜200克，香菇10朵，豆干200克，白糖20克，盐8克，胡椒粉3克，鸡精3克。

分量 12个。

做法

1. 容器中放水，倒入酵母，铺满水的表面即可。

2. 加入白糖和盐，再加入油搅匀。

3. 加入面粉，揉成光滑的面团。

4. 饧发至原体积的2倍大，用手插入面团中不回缩即发好。

5. 准备青菜馅的材料。

6. 青菜焯水（水里放点油和盐），然后过凉。

7. 豆干焯水，将豆干切成粒；青菜挤净水分后，切成粒；香菇泡软后，切成粒。

8. 所有材料放在一起。

9. 加入调料搅拌好。

10. 将面团分成小剂子，取1个剂子擀圆，包入青菜馅。

11. 收口。

12. 放入蒸笼中，稍饧10分钟，蒸15分钟即成。

飞雪支招

1. 青菜焯水后过凉，能让馅料颜色保持鲜亮。

2. 蒸好的包子要及时取出，不然会粘在笼布上。

3. 笼布在蒸之前要先弄湿，挤净水分。

6 | 小笼汤包

小笼汤包最大的卖点，就是那个多汁的馅，咬一口满嘴汤汁，真是味蕾的极致享受。

猪肉冻原料　猪肉皮100克，水1000克，盐1克。

馅料原料　猪肉冻130克，猪肉130克，葱姜粉0.5克，盐3克，生抽5克，白糖2克，料酒5克，水30克。

面团原料　面粉200克，水95～100克。　　　　**分量**　28个。

做法

1. 先将猪肉皮洗净，去掉猪毛，然后将肉皮用水煮5分钟。
2. 煮好后，取出来用刀去掉肥肉。
3. 然后将肉皮切成丝。
4. 切成丝的肉皮加水1000克煮一会儿。
5. 煮至肉皮稍烂后，将肉皮连水倒入搅拌机中，搅拌成糊。
6. 加入盐再次煮开。
7. 将肉皮汤装入一个长方形的模具中。
8. 盖盖，放冰箱冷藏室一个晚上，次日取出来倒扣出模。
9. 用刀切成合适的大小备用。

10. 再切成碎丁，肉皮冻的量和肉馅的量
    相等。

11. 将肉切成肉丁，再剁成肉泥。

12. 肉泥中加水、葱姜粉、生抽、盐、白糖、料酒，水要慢慢地加入肉
    泥中，使其充分吸收。（加水的过程叫水打馅。）

13. 加入肉皮冻搅拌好备用。

14. 包子擀皮，薄是关键。

15. 包入肉馅，包成包子形状。其余依此完成。

16. 一个直径15厘米左右的蒸笼可以放10～14个汤包，装入铺好硅油纸
    的蒸笼中，水开后，再蒸8分钟即可。

飞雪
支招

1. 制作肉皮冻的时候，水很容易会被煮干，所以最好一次性多加
   些水。

2. 如果直接包馅的话，会比较干，加入少量的水，可以让肉馅更鲜
   嫩好吃。

3. 因为汤包里要有汤，所以加入与肉馅同比例的肉皮冻，汁水才会
   多，味道才会更好。

4. 我用的是冷水和面，如果用烫面，也非常好吃。

7 | 叉烧包

我学习面食的第一步，就是能把馒头做好。一旦馒头做好了，什么样的包子、花卷，完全不在话下。今天要和大家分享的是包子。可能很多人会有这样的经历：做出来的包子不如想象中的那样漂亮可爱，甚至想吃的心情都没有了。那么，这是为什么呢？你看看下面的"飞雪支招"和179页的内容，应该会有些收获。

面团原料　低筋面粉250克，水130克，酵母3.5克，油10克。

 馅料原料　叉烧肉200克，叉烧酱30克。

 分量　10个。

做法

1. 自己做的叉烧肉1块，切成小丁。

2. 加入少许叉烧酱搅拌好，是为了让颜色好看。（其实自己做的叉烧肉原本就很好吃了，但是烤箱中烤过后，颜色会不太好看，所以先处理一下。）

3. 面团揉至光滑。

4. 分成10个小剂子，取其中1个擀圆。

5. 包入叉烧肉。

6. 再整形成圆形。其余依此完成。上蒸笼，饧30分钟，冷水上锅，中火蒸20分钟即可。

飞雪支招

1. 上笼蒸时，笼屉一定要刷油，才能不粘锅。锅里要放适量水，保证可以蒸20分钟。

2. 锅里有水了，包子也上笼了，再开大火40秒，估计水的温度刚好不超过40℃就可以了。我家用的是2100瓦的电磁炉，所以，一般我一开火，心里就默数40下，关火。

3. 饧面大约30分钟后，你再来看看这包子，比以前大了1圈。最特别的是，每个包子都像蒸了桑拿似的，表面都是一层水雾，这样蒸出来的包子才滋润。

4. 选择低筋面粉会更松软好吃。

5. 面团中加少许油，会让包子有光泽、好看，所以我在和面团时放了10克油。

6. 蒸肉包子，我一般是蒸20分钟，建议这个时间不要减少，否则包子可能就因为蒸的时间不够而失败了。

十三、粥类

1 | 八宝粥

这款粥很多小朋友都很喜欢，因为里面有枣、桂圆，还有很多其他食材，有时候再加些冰糖，那小朋友就更喜欢喝啦。

原料 花生15克，芝麻1克，桂圆5个，红枣4个，莲子20克，黑糯米30克，紫糯米30克，白糯米30克，薏仁10克，红豆20克。

分量 2碗。

做法

1. 准备所有食材。
2. 不容易煮熟的食材，比如红豆、薏仁，提前4个小时浸泡。
3. 将所有食材清洗干净，倒入高压锅中。
4. 再加入适量的水。
5. 高压锅用大火煮开，转中小火煲约10分钟，粥就煮好了。

飞雪支招

1. 这里食材比较丰富，但不限于这些食材，你也可以换成其他喜欢的材料。
2. 因为莲子本身是比较易熟的，所以不用泡，有些品种的莲子泡过之后反而不好吃了。
3. 可以根据个人口味加少许冰糖。
4. 高压锅煮粥快，不需要多久就能吃到好吃的八宝粥了。

2 | 鲜虾芹菜粥

原料 鲜虾15个，芹菜50克，大米90克（豆浆机杯子1量杯），香菇2朵，水900克。

调料 盐少许，胡椒粉少许。　　　　**分量** 4碗。

做法

1. 准备材料。
2. 香菇切碎粒，鲜虾除去须、壳，清洗干净，芹菜切碎粒备用。
3. 大米清洗干净，倒入豆浆机中，加入适量的水。
4. 加入香菇粒，再加入鲜虾。
5. 用豆浆机"煮粥键"，约煮40分钟。
6. 煮好后加入芹菜粒和适量的盐、胡椒粉稍煮至熟即可食用。

飞雪支招
1. 芹菜容易变色，而且容易熟，所以最后放。
2. 盐的多少根据个人口味而定。

3 | 燕麦南瓜粥

燕麦和南瓜一同来煮粥，颜色非常漂亮，也很有营养。

原料 ▶ 燕麦25克，南瓜150克，大米60克，水适量。

分量 ▶ 3碗。

做法

1. 准备一块南瓜，清洗干净。
2. 准备米，一般做饭的大米就可以了。
3. 准备燕麦。
4. 将南瓜去皮后切成小块。
5. 将所有食材放入汤锅中。
6. 加入适量的水。
7. 用中火煮至南瓜软烂、米粒开花即可。

飞雪支招

1. 秋天的南瓜是最好吃的，别忘记秋天一定要做这款粥品哦。
2. 如果喜欢南瓜是颗粒状的，可以留下少许南瓜粒，在煮粥的最后几分钟放入，煮熟就可以了。
3. 这里我用的是普通的汤锅，汤锅可以放在液化气灶上，用中火煮开后，转小火慢煮。因为食材比较简单易熟，所以需要的时间不是很长。

4 | 银耳山药粥

很多人喜欢用银耳来煲汤，而山药通常被用来蒸着吃。我今天却用银耳和山药来做一道黏稠的粥品，而且味道还不错哦，你也来试试吧。

原料 ▶ 银耳3克，铁棍山药100克，大米50克，水适量。

分量 ▶ 3碗。

做法 ▶

1. 将银耳撕成碎粒。
2. 倒入适量的水，进行泡发。
3. 准备1根铁棍山药。
4. 清洗后去皮取100克切成小粒。
5. 将所有食材放入砂锅中。
6. 加入适量的水。
7. 盖好盖。
8. 放到液化气灶上，中火煮开，转小火慢煮，一直煮至米熟及想要的黏稠感出来即可。

飞雪支招

1. 山药要选择铁棍山药，因为这种山药比较软糯，适合煮粥。不要选择脆的那种，脆的比较适量炒着吃。
2. 银耳需要提前4个小时泡发，这样泡好的银耳在煮的时候就容易黏稠。
3. 如果喜欢吃甜粥，也可以加适量冰糖一起煮。
4. 我这里用的是砂锅，砂锅煮粥是最佳的，但需要点耐心。

十四、米饭类

1 | 八宝
糯米饭

八宝糯米饭的确是吃到嘴里甜到心里，特别受到小朋友的喜爱和追捧。
我记得冬天有些商家卖这个八宝饭的时候，女儿就眼馋得不得了。
现在妈妈也做了这米饭，女儿当然是高兴极了。

原料 糯米200克，水200克，豆沙200克，白糖30克，油10克，蜜枣、蔓越莓、葡萄干、莲子、桂花酱各少许。

做法

1. 糯米洗净后放在盘子中，再加入适量的水。
2. 中火蒸20分钟至熟。
3. 蒸好的米饭加入白糖。
4. 搅拌至白糖化开。
5. 取一个容器，用刷子刷油。（这样取出米饭的时候不会粘容器。）
6. 在盘子里放入等量的蜜枣、蔓越莓、葡萄干等。
7. 将一半的米饭放入容器中。
8. 用手按平。
9. 再加入豆沙。
10. 再把剩余的米饭放入按平。
11. 再次放入蒸笼上，中火蒸15分钟。
12. 蒸好后，倒扣在盘子中，上面淋上少许桂花酱即成。

飞雪支招

1. 糯米和水的比例一般为1∶1。
2. 白糖和蜜枣的用量根据个人口味而定。
3. 八宝糯米饭的特点：绵甜不腻，色泽鲜艳。

早晨吃饱，可以给一天带来能量。用最短的时间，为自己和家人做一份美味早餐吧！

原料 ▷　前一天的剩米饭1小碗（约150克），葱10克，蚝油30克。

做法 ▷

1. 准备材料，葱切末。
2. 锅中倒少许油，放入葱末爆香。
3. 加入蚝油。
4. 倒入米饭。
5. 翻炒均匀后出锅。

飞雪支招

1. 这道米饭的亮点就在于加了蚝油。
2. 米饭用了前一天的剩饭，这样炒出来颗粒分明。

3 | 鸡肉焗饭

米饭我家一般会炒着吃、烫着吃，但最美味的要数这种烤饭啦。

喷香的饭，加上好吃的咖喱块调料（一定要是咖喱块，味道特别香），然后，再放上马苏里拉奶酪，简直太美味啦！

原料 鸡腿1个，洋葱30克，米饭1碗，马苏里拉奶酪100克。

 调料 咖喱调料1包（内有土豆，胡萝卜等），咖喱块10克。

做法

1. 鸡腿1个洗净。
2. 将鸡腿去骨。
3. 鸡肉切成丁。
4. 洋葱切丁，锅中放油，油热后将洋葱爆香。
5. 再倒入鸡肉丁。
6. 倒入咖喱调料包。
7. 再倒入米饭。
8. 加入少量咖喱块翻炒均匀。（市面上咖喱调料有很多种，分为咖喱块和咖喱粉等，咖喱块本身是调好味的，而咖喱粉则需要再调味。所以相对来说，咖喱块操作更简单一点。）
9. 马苏里拉奶酪切成条。
10. 米饭装入烤碗中。
11. 马苏里拉奶酪均匀摆放在烤碗上，烤箱210℃预热，中层，烤至上色即可。

飞雪支招

1. 将马苏里拉切成丝也可以。
2. 烤饭中放一些咖喱块味道会更香。
3. 烤饭的时候要注意，将马苏里拉奶酪烤至上色，这样味道更香哦。

4 | 石锅拌饭

石锅拌饭为什么受欢迎呢？因为里面有菜、有肉，而且适合大冬天吃，热乎乎的，暖和得很。最特别的是石锅拌饭的底部有一层焦焦的锅巴，小朋友们最爱吃了。

原料 大米150克，香菇4颗，木耳3朵，豆芽1小把，菠菜3棵，胡萝卜1小段，腊鸭肉20克，鸡蛋1个。

调料 油30克，韩国辣椒酱20克，生抽10克。

做法

1. 大米清洗干净，浸泡半个小时。
2. 倒去多余的水，留少量的水上锅蒸20分钟。
3. 蒸好的米饭放旁边备用。（也可以用电饭锅煮的饭。）
4. 所有配料清洗干净，胡萝卜切丝，香菇、木耳泡发好。
5. 石锅里抹少许油。
6. 倒入米饭。
7. 将其他蔬菜焯水，菠菜最后焯水。
8. 将所有蔬菜码放好，在石锅边上均匀地淋上油，这样做是为了让锅里不粘，并且容易有锅巴。
9. 腊鸭肉蒸熟后切薄片，也码放在米饭上，并在米饭中间打入1个鸡蛋，用小火加热约10分钟。火力一定要小，大了容易煳。烧热的时候，石锅会发出滋啦滋啦的声响。
10. 准备韩国辣椒酱和生抽搅拌均匀，石锅烧好后，加入辣椒酱，搅拌均匀即可。

飞雪支招

1. 准备的蔬菜要尽可能颜色丰富，这样搭配起来会比较好看。
2. 油必不可少，淋上才会有焦焦的锅巴。
3. 别看鸡蛋是生的，在炉子上加热10分钟后，和米饭一拌就熟了。用这样的鸡蛋拌起来的米饭比较滋润，口感好。

5 | 鱼子酱寿司

寿司我觉得怎么吃都好吃，特别是加了鱼子酱后颜色更漂亮了。寿司虽然起源于中国，但最后却在日本发扬光大了。在日本有专门的寿司店，光寿司的品种就有很多，比如寿司、手卷、细卷、萝卜寿司等。做寿司，米和水的比例一般是1：1，但最终还要根据米的吸水性来决定用水量。在操作的时候，米饭要在40℃左右的温度下才较容易成型。不管是放水果，还是鱼生，看个人喜好，尽情搭配吧。

原料 ▶ 寿司米250克（或者用黏性很强的大米，比如东北大米），寿司醋15克（如果没有，可以用米醋、白糖、盐以10：5：1的比例混合均匀替代），鱼子酱20克，海苔2张，胡萝卜、黄瓜、蛋皮、肉松、沙拉酱各少许。

做法 ▶

1. 米清洗干净，浸泡半小时以上。
2. 盘子抹油将泡好的米放入盘子中，上笼蒸20分钟后将米饭取出。
3. 放入一个大的容器中，加入寿司醋，搅拌均匀。
4. 加入鱼子酱，再次搅拌均匀。
5. 黄瓜和胡萝卜分别切长条。
6. 摊好的蛋皮也切长条。（当然也可以做成厚蛋烧，切长条块使用。）
7. 海苔放在寿司帘上。
8. 将米饭先平铺在海苔上。
9. 放上黄瓜条、胡萝卜条、蛋皮条，挤上沙拉酱，再放上肉松。
10. 利用寿司帘将其卷起，定型。
11. 然后将寿司帘打开，寿司切块，即可食用。

飞雪支招

1. 使用寿司帘有助于在卷寿司时轻松定型。
2. 卷完的时候，用手稍稍带点劲，就很容易固定。
3. 如果粘手，可以在手上抹些水或者戴一次性手套操作。

6 | 黄金
咖喱炒饭

来个吉利的早餐——黄金咖喱炒饭，名字就好听，吃着也很棒。女儿吃完了还跟我要呢，可惜没有了。

原料 ▶ 洋葱丁30克，虾仁200克，胡萝卜丁30克，芹菜丁30克。

调料 ▶ 黄金咖喱33克。

做法 ▶

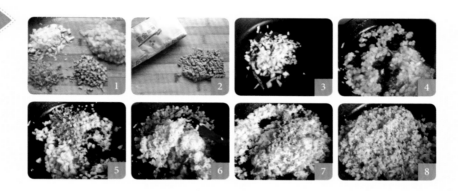

1. 洋葱、虾仁、胡萝卜、芹菜全部切丁。

2. 黄金咖喱切碎末。

3. 锅中放油，先倒入洋葱丁爆香。

4. 再倒入虾仁丁（虾仁本身比较容易熟，所以不用炒很久）。

5. 炒至变色后，倒入胡萝卜丁和芹菜丁。

6. 再倒入米饭。（一般来说，隔夜的米饭水分蒸发了一点，炒起来更容易颗粒分明，因此更适合做炒饭。）

7. 炒均匀后，加入咖喱末。

8. 翻炒均匀即可。

飞雪支招

1. 用隔夜米饭做最好。

2. 咖喱切成碎末，容易炒均匀。

3. 如果没有咖喱，可以放少许盐，就类似于扬州炒饭了。

十五、发糕类

大米发糕

发糕有很多种，比如红薯的、南瓜的、红糖的，今天我们来做大米的。

我还没有尝试过直接用米粉来做，所以，这个版本先用了一半的米粉加一半的面粉，这样成功率会高一点。

发糕要想松软，就一定要饧发到位。

发糕的面糊要比馒头的面糊水分充足，一发上来，再蒸就会涨更大了。

米粉110克，中筋面粉110克，水180克，白糖22克，酵母2克，泡打粉2克。

 6寸活动模具。

1. 米粉加入面粉中。

2. 倒入水、白糖、酵母和泡打粉（泡打粉选择无铝的），搅拌均匀。

3. 模具事先涂油，将面糊倒入。

4. 饧发至表面有很多气泡，并涨上一些。

5. 蒸25分钟即可。

飞雪
支招

1. 我用的是一个6寸的活动模具，你也可以根据自己家的容器大小决定原料的用量。

2. 里面也可以加些碎枣粒，会更好吃。

玉米面做的发糕，不但口感好，而且更健康。

 面粉100克，玉米面50克，水150克，枸杞适量，酵母1.5克，无铝泡打粉3克，白糖15克。

1. 酵母加水先溶化。

2. 面粉、玉米粉、无铝泡打粉和白糖混合均匀，倒入酵母水中搅拌均匀。

3. 容器中抹些油防粘。

4. 倒入玉米面糊，室温下发酵30分钟（室温28℃左右时）。

5. 上面放枸杞装饰。

6. 蒸20分钟左右即成。

飞雪
支招

1. 酵母可以使发糕松软，一定要让发糕发酵到位。如果发酵不足，或发酵过了，发糕蒸出来也不一定会好吃。

2. 放少许的泡打粉可以让发糕更松软，但一定要无铝泡打粉。泡打粉要和面粉充分混合后，再和水混合。

3. 加入少许白糖会让发糕更香甜。

4. 如果不用玉米面，改成普通面粉，会发得更高一点。

3 | 红糖发糕

今天给大家介绍一款超省时间的发糕——用微波炉两分钟就做好的红糖发糕。怎么样，省时间吧？

原料 面粉100克，玉米淀粉50克，泡打粉5克，熟芝麻、蔓越梅干、红糖各少许，水100克。

做法

1. 准备材料。
2. 将红糖放入水中溶化。
3. 将3种粉混合好后，过一下筛再倒入红糖水中搅拌均匀。
4. 取一个小一点的容器，撒上一些熟芝麻和蔓越梅干。
5. 倒入面糊中，搅拌均匀。
6. 放入微波炉中高火不加盖1.5分钟即可。

飞雪
支招

1. 原料中的红糖也可用白糖替代。
2. 如果不喜欢泡打粉就不要放了，如果想发得更好，泡打粉的量还可加大，但也不能太多，放太多会发苦的。
3. 放入微波炉中的容器面糊量不要过半。
4. 面糊的多少决定了其在微波炉中转的时间的长短。
5. 也可以在底部撒些葡萄干或是核桃仁，这样可以防粘，做好后容易取出。

4 | 蜜红豆
玉米面发糕

玉米是世界公认的黄金作物，可以使人体内胆固醇含量水平降低，还可以预防高血压、冠心病。

可是，由于玉米面过于粗糙，直接入口，口感不是很好。

所以，做玉米发糕时可以粗粮和细粮结合着吃。

这样，就更容易被大家所接受了。

 原料　玉米面50克，面粉50克，白糖20克，蜜红豆20克，无铝泡打粉3克，水100克。

做法

1. 所有粉类过筛后再加入其他材料，一同放入容器中。

2. 搅拌均匀后加入水，再搅成面糊。

3. 用刷子给容器刷油，可以防粘。

4. 将面糊倒入。

5. 盖上盖子，不用封死。（也可以用保鲜膜包上。）

6. 冷水上锅，中火蒸30分钟。

 飞雪支招

1. 粉类过一下筛的目的：一是不会有颗粒，二是让泡打粉充分发挥作用。

2. 你可以放蜜红豆，也可以放其他果干。

5 | 玉米蒸糕

夏天天气热，家里的雪糕、冰淇淋做得也就多了起来。
可是，冰淇淋要用到蛋黄，那蛋白怎么办呢?
不如用来做蒸糕吧，简单方便，零失败。

原料 蛋白80克，白糖40克，水5克，油50克，低筋面粉50克，玉米生粉10克，泡打粉3克，玉米粒、青豆粒各少许。

做法

1. 蛋白加糖倒入容器中。

2. 再加入水和油搅拌好。

3. 低筋面粉加泡打粉、玉米生粉过筛备用。

4. 将面粉倒入步骤2的容器中。

5. 搅拌均匀。

6. 取一些小的容器。

7. 将搅拌好的面糊倒入容器中。

8. 再在面糊上面放一些玉米粒和青豆粒。

9. 放入蒸笼中。

10. 中火蒸15分钟左右即可。

飞雪支招

1. 如果没有小容器，也可以用大的容器，但蒸的时间要久一些。

2. 面糊可以直接倒在小容器里，也可以在小容器里放些小纸托，这样比较方便取出来。

十六、粽子类

1 | 蜜枣
芸豆粽子

原料 糯米300克，芸豆50克，蜜枣16个，粽子叶100克。

分量 8个。

做法

1. 糯米中加入芸豆，清洗干净，然后泡水，泡好后会涨大不少。
2. 准备蜜枣。
3. 剪去粽子叶头部1厘米左右。
4. 卷成漏斗状。
5. 装入糯米、芸豆和蜜枣，装满压实。
6. 将粽子叶封口，多出的粽子叶绕一圈并压实。
7. 用线扎紧，放入高压锅中，水没过粽子，煮20分钟左右。
8. 关火1小时后再开盖，这样做出来的粽子更糯。

飞雪支招

1. 这里用的是蜜枣，也可以用红枣代替。
2. 包粽子的时候绳一定要扎紧，扎得越紧，做出来的粽子口感上越Q弹。

排骨粽子

原料   排骨300克，糯米300克，盐12克，白糖12克，老抽12克，水300克，粽子叶100克。

分量   8个。

做法

1. 排骨剁小，倒入容器中。（注意，小排骨容易有脆骨，就是图片上白色的部分，煮好了也很好吃。如果不喜欢脆骨，也可以剁去不用。）

2. 加入盐、白糖、老抽，搅拌均匀。

3. 再倒入洗好的糯米和水，混合均匀。

4. 腌1天时间，使其入味。

5. 腌好的排骨糯米颜色还是很好看的。

6. 粽子叶清洗干净，最好焯水备用或冷冻后再使用。

7. 将粽子叶前面1厘米剪去，3张一排，卷起。

8. 因为有排骨，因此最前面的部分要装米，这样才会实。

9. 装好米后再装排骨，最后压实。

10. 用线扎紧后，放入高压锅中，水没过粽子，煮20分钟后关火，放1小时再开盖。

11. 吃的时候每口都是排骨香。

飞雪支招

1. 糯米有人喜欢泡，有人喜欢不泡。我两种都试过，如果喜欢嚼劲大的就不泡，如果喜欢绵软点的就泡。

2. 料腌的时间以1天为宜，时间短了不易入味。

3. 捆粽子的时候，一定要注意捆紧了，不然煮的时候容易漏米。

4. 煮粽子的时候，水一定要没过粽子，不然米会夹生。还可以用一个装满水的盘子压住粽子，这样效果更好。

5. 煮好的粽子不要立即取出，建议放1小时再取出来，这样会保证都熟了，而且更软糯。

6. 我一般喜欢晚上做粽子，放入高压锅，按"煮豆"键，时间到了，关电。第二天取出吃刚好。

3 猪肉
咸蛋粽子

猪肉蛋黄很多人都喜欢，用来包粽子当然也是最受欢迎。

原料　粽子叶150克，糯米400克，猪瘦肉150克，盐10克，白糖10克，老抽10克，水200克，咸鸭蛋黄10个。

分量　10个。

做法

1. 粽子叶冷冻后泡水。
2. 糯米清洗后加入可以分成10份的猪瘦肉、盐、白糖、老抽、水搅拌好放一晚。
3. 准备好咸蛋黄。
4. 粽子叶去掉头部1厘米的部分。
5. 卷成漏斗状，包入少许糯米。
6. 放入咸鸭蛋黄。
7. 蛋黄上放一块猪瘦肉。
8. 最后用糯米装满，压实，用棉线扎好。
9. 包好后放入高压锅中，水没过粽子，按"煮豆"键完成制作，1小时后取出。

飞雪支招
1. 粽子里的米一定要腌入味，这样包出来的粽子才好吃。
2. 蛋黄最好选择咸鸭蛋里的蛋黄，香味非常诱人。